成交在見客戶之前

成為頂尖業務的5項修煉

梁櫰之 Jackie──著

見客戶前告訴自己「**一定會成交**」，

見客戶後要「**忘記成交**」。

推薦序

「成交」是業務的天職

「成交」是業務的天職，也是業務的使命。自有人類社會以來，從以物易物、實體貨幣交易，到今日的電子商務時代，「業務」的角色始終存在，扮演商品服務與客戶之間的重要橋樑，提升商業行銷的效率，加速市場運作的成果。如果缺少了業務，世界就不是眼前所見的世界了，整個科技文明的發展、社會組織的建構，甚至必須回溯數百年之久。

所有的銷售成交，皆建立在二項重要關鍵之上，一是正確的態度，一是正確的方法。經驗告訴我們，態度的重要性凌駕於方法，而且方法可以速成，態度則根源於正直誠信的品格與堅毅不屈的信念。憑藉著純熟敏捷的銷售方法，可以獲致一時短暫的業績數字，但想要業務事業發展得以長遠成功，具同理心的銷售態度是不可或缺的必要條件。

所以，一位成功的業務，不僅是商品銷售的高手，更能在銷售過程中，贏得客戶的真心尊重與認同。

「成交在見客戶之前，見客戶後要忘記成交。」於我心有戚戚焉。長年站在業務銷售的第一線，看到銷售的困難，主要是因為態度、方法不正確，最後的結果是業務遭受挫折與低潮，而客戶也未獲得適合的商品及服務。如果態度、方法正確，成交將會是三贏的局面，客戶得到最好的商品及服務，業務得到成功的職涯發展，企業得以永續經營、成長茁壯。這個務實而遠大的目標，從現在到未來，有賴每一位業務從業人員的努力，方能達成。

臺灣的人均新書出版量，高居世界第二位，在銷售排行榜的統計上，總有商業銷售類的書籍，這是一股分享、學習、精進的正向能量，也是社會進步的動力。隨著Jackie的新書付梓，猶見一泓清澈活水的動能，期讓未來每一次的成交，都是最愉悅而感動的經驗。

前國泰人壽副總經理　吳惠斌

推薦序

「成交」總是在見客戶之前

「上善若水」、「厚德載物」、「天道酬勤」，此乃做人做事的最高境界！一個優秀的業務行銷人員能夠締結、成交、達標，除了基本的四項要素專業知識、積極心態、精進技巧、良好習慣之外，尚且還要加上自己的自律紀律、團隊的協同運作，方能成就更高的績效！

「修身、齊家、治國、平天下……」這段話中，我們可以深刻地體認到「修身」才是一切的根本，客戶跟我們的交往是從相信、信任、信賴到信仰！唯有自己本身具備德、智、體、群、美的優勢，才有機會吸引客戶、讓客戶採納我們提供的商品、建議、服務……等。

因此，只有業務自己本身透過不斷的學習、本著利他的思維、將心比心為客戶著想、藉著良好的傾聽互動，相信必定能達成雙贏的局面！我們深信，人格跟品格比技術更重要！

玉婷身為壽險行銷業務已經邁入第二十五個年頭，雖然銷售服務的商品與筆者不同，然而，經由閱讀本著作中的行銷流程，從開拓客戶、拜訪客戶、對談技巧、處理反對意見、成交業績、達成目標、提供服務、要求介紹……等，具有異曲同工之妙！

玉婷相信所有的業務行銷是有規則可以依循的，相信自己的工作價值、確定自己的業務目標、配合天時、地利、人和，身體力行、築夢踏實，一定能圓滿人生的夢想！

知識跟經驗的分享是給人們最好的禮物！感謝優秀人才的著書分享，將自己寶貴的資訊無私分享給大家，感動社會大眾的熱愛閱讀學習，感激我們生存的自由年代，讓我們在最好的年代有最好的學習，期許藉由彼此的付出與奉獻讓我們的國家、社會更加真、善、美！

保德信人壽首席壽險顧問暨行銷協理　陳玉婷

推薦序

造就不平凡的業務人生

當兵退伍後即加入保險業，至今已邁入第十五年，從一個人打拚的基層業務開始做起，到如今轄下擁有近三百人的團隊，一路上感恩長官的提攜，客戶的支持，貴人相助，以及恩師的指點，才有今天的我，而Jackie老師正是我其中一位恩師。

每次讀完Jackie老師的奮鬥史，總是讓人相當佩服，且激勵人心，佩服的是他的勇氣，從一無所有，只拎著一只旅行箱開始奮鬥打拼，到如今成為巡迴各地，傳授銷售功夫的名師，學生人數不在話下，確實非常不簡單。激勵的是他的奮鬥過程，那堅忍不拔、永不放棄的業務精神，如果您想要創業，或是您正從事業務銷售的工作，這本書絕對是您學習的典範。

業務銷售要成交的關鍵，不外乎就是問題的解決，與愉快的感覺，這幾年來輔導許多的業務同仁，時常看到有些人擁有一身的好功夫，專業知識，背誦了許多的話術，但還是無法成交。因為在銷售時，總是少了愉快的氛圍，本書作者對於人性的掌握相當卓越，即使是陌生的客戶，也能夠在很短的時間就能夠成交，如果您正從事業務銷售的工作，這本書將可以提供您很多的解答，以及讓您的功力倍增，會是您最好的教材。

選擇了一份工作，就是選擇了一種生活模式，業務的工作有無窮的魅力，往往在令人著迷的過程中，造就了許多的不平凡，感恩本書的作者，願意將畢生的心血及功夫，傳授分享給大家，也祝福正在閱讀本書的您，能夠實現自己人生的夢想。

新光人壽中壢區部經理　湯士強

自序

常有業務問我，擁有那些特質才能成為頂尖業務？是不是只要清楚產品、熟背話術、態度積極、擁有熱情，就能成為頂尖業務？

其實，每個人心中都有頂尖業務的形象，只是太過模糊。在一百多年前，美國知名食品企業亨氏（Heinz）在公司業務通訊上，為現代業務作了精確的註解與定位：「他們幹練、聰明、精力充沛，是人性的學生，環境的觀察者。思緒靈活且容易親近，有尊嚴與熱情，願為工作持續接受專業訓練。」我認為時至今日，頂尖業務的筋骨血脈裡，依然擁有這些基因，而寫作本書最重要的用意，期望能幫助每一位有夢想、肯努力的業務，植入頂尖業務的基因。

在二〇一三年，我還在溫哥華進修，一位同窗同學建議我：「Jackie，你擁有豐富的銷售實戰經驗，真該出一本教業務如何銷售的書。」當時一笑置之，我那有資格寫書啊！

但從那一刻開始，「寫書」這件事在心中縈繞不去，我上網搜尋寫書的方法與技巧，但終究沒有實質的幫助。約莫半年後的某一天，這位同學很興奮的告訴我一個好消息，他剛收到一份電郵報名簡章，是我夢寐以求的「寫書訓練班」，課程只要二天，但他接著告訴我另一個壞消息，課程將在下星期開課，而且是在臺北上課，只開一班。我急忙看了時間表，下星期適逢聖誕節假期，於是請同學立刻幫我報名，同一時間，我衝到機場冀望可以買到回臺的機票。就這樣，我二話不說飛回臺北上課，短短二天的課程，雖然助益有限，但我已為自己的目標，做出行動上的宣示。這也是我在本書持續會提到的行動力，徒然坐而言，不如起而行！

從寫書的念頭興起，歷經三年的跌宕波折終於完成，期間要特別感謝好友吳焰財先生的鼓勵及幫助，還有時報文化出版公司的協助。從最初的一笑置之，到最後的夢想成真，這些築夢過程中的「信念法則」，也將在書中一一分享。

因為寫書的緣故，讓我有機會與自己的內心對話，讓我獲得重新檢視自己的契機，也讓我再度調整自己的態度與觀念。本書除了獻給有心想成為「頂尖業務」者，我自己也會時時翻閱重讀，希望在未來的業務生涯裡，我們一起努力，一起進步！

chapter 2

態度決定高度

贏家的習慣

chapter 4

一切都是爲了成交

chapter 5

面對客戶的拒絕

Chapter 1.

我有機會成為頂尖業務嗎？

你得先破壞自己，然後再重建

在一切開始之前，你得先確認一件事情。何不問問自己：「你想成為頂尖業務嗎？」、「你確定這是你想要的嗎？」、「如果你想超越限制成為頂尖業務，但繼續用現在的方式，有可能會成功嗎？」

如果你真的想成功，但是用現在的方式卻不可行，那就表示你必須先澈底破壞自己！因為鳳凰必先浴火，才能重生。

※恐懼是阻礙你成功的魔鬼

當我二十一歲時，在溫哥華的王府井餐廳打工，臺灣的一位朋友告訴我：「好可惜你不在臺灣，不然有一份工作真的非常適合你，那是一家賣迪士尼美語教材的公司，產品很貴，但傭金很高！」朋友還說：「公司裡一個年輕女孩，只花了短短半個月的時間，業績板上已經畫了十七畫，而每一畫代表著傭金最少一萬元，你算算她一個月可以賺多少傭金？」

當時我在加拿大打工的時薪是八塊半加幣（約一百七十元臺幣），半個月十七萬的收入，對我來說是個天文數字。面對這個天文數字，慶幸我沒有畏怯，反而激起幾分豪氣。於是我向朋友立下豪語：「有機會回臺灣一定要進這家公司，而且，我要打破她的紀錄！」

回想當年，年輕氣盛常與家人爭執。我常在思考，是該繼續留在加拿大？還是回臺灣？在一次嚴重的爭執後，點燃了決定離家的導火線，促使我下定決心回來。於是我辭去餐廳的工作，並說服餐廳經理購買我唯一值錢的音響，金額剛好買下一張從西雅圖轉機回臺灣的單程機票。我彷彿吃了秤砣鐵了心，孑然一身，兩手空空，但還是毅然決然的回來了！

我清楚知道必須為自己的魯莽行為付出代價，因為「離家出走」意味著，在地球另一端迎接我的是餐風露宿、清貧如洗的日子！我沒有錢租屋！我買不起任何一套西裝！更不可能購買交通工具！而且還有更大的潛藏危機，萬一那家公司沒在徵人怎麼辦？問號一個接連一個出現在腦海，我坐在從溫哥華開往西雅圖的灰狗巴士上，天色漸漸昏暗，暗到眼前看不到任何景物，映照我同樣昏暗且忐忑不安的心情，擔心二十小時之後，即將面臨的人生難題！

我這幾年在業務培訓課程裡，偶爾跟學員分享這段經歷，總有人會跟我說：「Jackie你會成功，那是因為當時沒有後路，你不得不努力往前衝！」言下之意好像意謂著經歷苦難的人，比較容易成功！事實上，這只說對了後半部，我的努力有一半的原因，是我已沒有後路。至於前半部的原因，是我製造讓自己沒有後路可走，並且選擇去面對及戰勝恐懼的決心！

所以當你不滿意現在的收入，不滿意現在的工作，不滿意現在的生活，但卻沒有任何改變的勇氣，關鍵在於你給自己太多的後路。一旦留有後路，人性總是選擇挫折阻礙較少的道路走，因此你沒有勇氣去面對恐懼，沒有決心去嘗試改變，更遑論戰勝自己的恐懼。

在飛回臺灣的班機上，我花了很多時間去想像，回到臺灣之後，最糟最壞的狀況會是什麼？一路想著，感覺也沒什麼大不了。如果沒地方住，大不了露宿街頭！如果三餐不繼，大不了開水配饅頭！如果那家公司沒在徵人，大不了先找別的工作啊！但後來事實證明，我所擔心恐懼的事情從未發生過。

我們到底在恐懼什麼？一直在恐懼「還沒發生的事情」，就算事情真的發生了，結果不過也是如此而已！如果事情會發生，那你不分日夜擔心受怕也於事無補。但神奇的是，通常我們所擔心恐懼的事情，從來都不會發生。充其量，只是自己嚇自己而已！

※你必須改掉「因為恐懼而找藉口」的習慣

我見過許多不成功的業務，絕大多數有一個共通的習慣，當他們面對「改變」時，總是反射性的找藉口。所以常聽他們說：「我不敢！我沒辦法！我沒時間！我沒資金……。」或許他們說的都對，我也知道鼓起勇氣去改變很痛苦，但聽到業務常把藉口掛在嘴邊，我真正替他們感到憂心。

因為恐懼，所以找藉口，藉口的源頭來自於內心的恐懼。於是你認為還有退路，你也認為改變不急於此刻，推究其根本是因為恐懼改變。當你誤以為還有後路可退，就永遠無法當機立斷、破釜沉舟的迎接改變。

我可以非常確切的告訴你，大多數不成功的業務，是因為自己選擇了跟恐懼為伍，為自己製造太多的藉口了！

如果你心懷恐懼——

坐在位子上許久，就是不敢拿起電話！

一大堆客戶資料，卻不知道要先打給誰！

要你去做問卷開發客戶，你說現在颱風下雨！

等到天晴要你趕快出去，你又說烈日炎炎！

好不容易拿起電話約訪客戶，客戶沒接電話，於是你鬆了口氣！

到了客戶家門口按下門鈴，客戶放你鴿子，沒人開門，於是你鬆了口氣！

開會時主管找人分享，眼睛望向你，卻叫了隔壁的同事上臺，於是你鬆了口氣！

你害怕向頂尖業務請教，只能跟不成功的業務打交道！

你害怕分享，因為你從不進修學習，擔心被人看破手腳！

覺得自己很笨，東西都記不起來，所以停止學習！

別人賣你東西時，害怕買貴，錢要花在刀口上，所以斤斤計較，但卻希望你的客戶別跟你計較！

因為恐懼，所以你選擇留在原地，就像《誰偷了我的乳酪》裡，那個不願意離開的小矮人，因為無知和恐懼，反而讓自己陷入無法改變的深淵。

試想，當你去到客戶家拜訪，請問是你比較害怕？還是客戶比較害怕？常常你所擔心害怕的，只是一些雞毛蒜皮的小事！

當然是客戶比較怕，那請問你在怕什麼？

客戶會掛你電話，不接你電話，是因為他們害怕你來銷售！

沒把你們的約會放在心上，放你鴿子，是因為他們害怕對你作承諾！

其實你隔壁上臺分享的同事，比你還要害怕！

知道嗎？他們怕你，而你卻怕他們！其實他們心裡比你更害怕！

你必須建立一種態度：寧願做了失敗，也不要因為害怕失敗而不做。並且把這個態度，確實實行在每一件事情、每一個細節上。

當我在寰宇家庭銷售美語教材，經過一年多之後，面臨了我人生的第二次抉擇。

一天早上，我在臺中太平剛簽完一張訂單，返回公司的路上，祕書Sandy在我的B.B. Call留言要我趕緊回電。我將車子停在路旁的便利商店前，用公共電話打回公司。Sandy在話筒的另一端，語調充滿興奮且迫不及待的告訴我，剛剛收到一張總公司發到全臺灣分公司的memo，上頭寫著因為總公司已經確定要到香港開設分公司，想找一位業績好、單身、會講廣東話的人去開拓香港市場，有興趣者請跟總公司報名參加面徵。她還說：

「這些條件好像為你量身訂做的。」聽完Sandy的陳述，我愣了一秒，馬上激動的跟Sandy說：「那你立刻幫我報名！」

當機會來臨，你必須具備快速作決定的特質，不要讓一件事總是在心裡懸而未決，不管結果好壞，快速作出決定，肯定取得先機。

雖然即將面對無法探知的未來，雖然不知道結果是好是壞，但我寧願選擇往前走，縱使失敗，最起碼嘗試過。倒是Sandy好像比我還興奮，早就先幫我報名了。最後歷經幾個月的面試及徵選，我是唯一被總公司選定前往香港開拓市場的人選。

我的人生在這短短兩年內發生巨大的變化，先從溫哥華拎著一只旅行箱飛回臺灣，現在又拎著同一只旅行箱隻身飛往香港。如果是你，在這短時間內發生二次巨大的變化，內心是否對未知充滿恐懼？

但請記住，未來的路怎麼走，全憑自己決定，不是交由恐懼來決定。從此刻開始，做一個自己命運的主人。

※頂尖業務絕對不是天生的

許多上過訓練課程的學員告訴我：「Jackie 老師你真的很有天分，很適合做這行。」但你絕對意想不到，小時候我最常被媽媽罵的，就是講話口齒不清。

幾乎所有學員都不敢置信：「怎麼可能小時候連話都講不清楚，長大可以當頂尖業務，可以當講師？」因為每當我口齒不清、辭不達意時，媽媽總是嚴厲的叫我：「住嘴，想好再講！」接著就是罰站，過了一段時間才問我：「你想清楚怎麼講了嗎？」

就像我們所熟知的任何一位冠軍，有誰一出生就是冠軍的呢？天分無法讓我們成為冠軍，但是練習可以。透過練習、練習、再練習，直到變成習慣，然後再重複練習下一個更艱難的技巧，再直到變成習慣，不斷持續這個循環過程。成為頂尖業務不是一個里程碑或終點，而是一個持續動態的過程。那該做到什麼時候才算數？事實上，追求成長就是一個永無止境的動態過程，只有起點，沒有終點，起心動念、下定決心的一刻就是起點，熱情不減、精益求精，因此沒有終點。

想成為頂尖業務應該先有的認知，唯有練習、練習、然後再練習，並且樂在其中，享受過程，帶著快樂愉悅的心情去練習。必須為自己在過程裡先找到快樂的因子，然後快樂的去執行！

即使到現在，我仍然不斷的練習。除了自我要求之外，因為我知道沒有任何一位上課的學員，願意花錢、花時間，來聽一個不知所云、毫無所獲的課程！所以當你要去面對客戶之前，是否將要解說的產品或服務，先自我練習到內化為止？各位必須清楚明白，客戶絕對不是笨蛋，更不是凱子，客戶完全可以感受到眼前的業務只是想賺傭金，或是真的值得他掏錢。

是什麼樣的心態，驅使我不斷重複枯燥而乏味的練習？有三點重要的心態——

一是擁有強烈的企圖心！

二是擁有強烈的企圖心！

三是擁有強烈的企圖心！因為很重要，所以講三遍。

擁有一顆積極的企圖心，才能驅使你勇往直前，才不會因為挫折失敗，而輕言放棄！

因為——

我有企圖心，所以我持續學習！

我有企圖心，所以我工作熱情！

我有企圖心，所以我不畏艱難！

我有企圖心，所以我澈底執行！

我剛到香港發展時，增員到一位家庭主婦，由於她是我一位直屬主任帶的，我並未直接參與培訓。很快經過了三個月，她連一張訂單都簽不到，對工作澈底喪失信心，帶領她的主任也不是特別厲害的業務主管。有一天她突然對我說：「Jackie，我努力了三個月都簽不到訂單，可能我不適合做這一行，我想離職了！」雖然她暫時沒有業績，但我感受到她有強烈的企圖心！否則不會一份沒有底薪的工作，堅持努力了三個月，並且每天從新界天水圍坐車到銅鑼灣公司報到，光是往返的車程就耗去三個小時的時間。

我問她：「如果這個工作賺不到錢，會不會影響家庭的生活支出？」

「不太會，因為先生有在賺錢。」

「如果由我親自帶妳一個月，妳好好學，一個月後如果仍做不好再考慮離開，妳覺得如何？」

「回去問先生看看！」

隔天她回覆說：「先生跟我都認同你提的方法，我們就試試看！」

我並不是對所有遭遇困境的業務都這麼做的，因為我無暇兼顧每一位業務同仁。我希望業務能夠養成一個良性的心態，不要希冀業務單位會有多餘的人力來照顧你、協助你，因為業務得靠自己的雙手，拚出一片天。我之所以會協助她，是因為我覺得她有非常強烈的企圖心，希望做好，渴望成功，我才會提出這樣的條件！

業務在平時就得展現強烈的決心和企圖心，唯有當自己認真投入時，一旦遭遇困難或瓶頸，旁人才會及時伸出援手。這位原本已經打算離職的業務，經歷了前三個月完全掛零的慘澹業績，但是透過強烈的企圖心，努力不懈，最後晉升到經理的職位。

為什麼我覺得只要有心，都可以把銷售做好？因為銷售，是一項可以透過學習、練習而精進的技能，不需要高學歷，也不需要特別豐富的經驗，至少我就不是。

業務不需要去羨慕業績好的同事，只須把注意力聚焦在自己身上，努力學習。因為所有的頂尖業務，都是歷經千辛萬苦，才練就出一身的好武功。

如果這是你想要的能力，就請你盡全力去學習。同時切記，努力不一定會成功，但是不努力，就一定不會成功。

你的機會，比想像的還大

在《愛麗絲夢遊仙境》裡有一段故事，愛麗絲在森林裡迷失了方向，巧遇一隻總是面帶微笑的貓。愛麗絲問笑臉貓：「你可以告訴我，我該走哪一條路呢？」笑臉貓回答：「這得看你想往哪裡去？」愛麗絲說：「其實我也不太確定該往哪裡去。」於是笑臉貓說：「這樣的話，不論你選哪一條路都是一樣的。」

我想你不會站在售票櫃檯前，當售票小姐問你要去哪裡，而你的回答是「隨便，無所謂」。買了一張不知道目的地的車票，哪裡都到不了。

人之所以無所謂，是因為無能而無所謂，因為沒辦法改變，所以必須擺出一副無所謂的樣子。千萬別對自己無所謂，或許真的就會「無所謂」的過一輩子了！

※機會隨時都會降臨，但僅限於那些還在努力的人

當我回到臺灣，借住在朋友家時，每天早上一睜開眼，例行性動作就是趕緊去買份報紙，翻開求職版，在密密麻麻的分欄廣告裡，找尋迪士尼美語公司刊登的徵人廣告，但結果總是令人失望。在等待徵人廣告期間，我可沒有閒著，因為急需生活費，所以先後找了兩份工作，一份是白天抄寫外匯，一份則是晚上在蔚藍海岸Pub打工。

大約過了一個半月，我每天引頸企盼的事情終於發生了。我照著廣告上的時間及地址，帶著興奮緊張的心情前去面試，就這麼簡單，我被錄取了。在接下來的星期五，接受一整天的新人訓練，目的是搞清楚產品是怎麼一回事。然後在隔天星期六的上午，再接受半天的銷售訓練。

當時還未實施週休二日，星期六要上半天班。到了中午，我看到同事們陸續離開辦公室準備休假，我站在經理室門口等經理，問他下午可以留下來打電話嗎？

經理一臉驚訝的表情，因為從來沒有新進業務會如此積極，當然他很高興的告訴我：「當然可以，你盡量打沒關係。」我再問他：「有沒有一些別人用過不要的名單可以給

我，那我下午留下來就可以練習打電話了。」於是經理找了五十個舊名單給我。

那天我在公司附近吃了簡單的便當，很快的又回到了辦公室。偌大的辦公室，居然只有一個和我年紀相仿的同事Jerry在打電話，其他座位全部是空的，應該是星期六下午，大家都休假Happy去了。我選擇坐在Jerry旁邊，向他點頭示意打個招呼，接著我拿出剛剛經理交給我的名單，就從第一個客戶開始打起。電話鈴響了幾聲之後，對方是太太接的電話，我不加思索的馬上作了自我介紹：「你好，我叫Jackie，是從迪士尼美語打過來的。」對方：「噢！我知道啊！你們去年有同事來過。」

由於我完全沒有業務經驗，也不知道該如何回應客戶，於是我在緊張失措的狀況下，問了對方：「那你現在覺得如何呢？」對方說：「你等一下。」於是她將話筒移開，拉開嗓門詢問坐在遠方的先生：「喂！去年來過的那個迪士尼，現在打過來問你怎麼樣？」我聽到她先生用臺語說：「隨便啦！」接著她回我：「我先生說隨便！」

對於沒有做過業務的我來說，只能用一般的對話來應答，我接著問她：「那你現在覺得怎麼樣？」她又說：「你等一下。」她再次問先生。你猜她先生回答什麼？她拿回話筒又重複了一遍：「我先生說隨便啦！」

感謝當時身邊坐著Jerry，他提醒我「約下來！現在！」於是我接著問她：「如果我再來一次，你覺得怎麼樣？那我現在過來好不好？」非常神奇的對話，得到的答案是「隨便啦！」

我好高興，第一次做業務，第一天上班，打第一通電話，就約到第一個客戶！接著發生更神奇的事，我第一天上班見的第一個客戶，就簽到我業務生涯的第一張訂單。我想這就是「天道酬勤」的神奇力量，如果真心想要，而且付諸行動，連老天都會幫忙。

到底你成為頂尖業務的機會有多大？看一下身邊的同事，你認為他們有正在努力成為頂尖業務嗎？所以我要很認真的告訴你一個天大的好消息，你成為頂尖業務的機會，絕對比你想像的還大！當我第一天做業務，選擇在假日的下午留下來打電話時，我就已經知道，因為全公司只有我和Jerry選擇繼續工作，所以我的競爭對手只有一個。只要付諸行動，在你的公司裡，競爭對手肯定不會太多！

所以你會發現，邁向成功的道路並不擁擠，因為堅持的人不多，問問自己——

你是一個容易放棄的業務？

還是一個願意堅持的業務？

你覺得哪一個會成功呢？是堅持？還是放棄？

選擇放棄是容易的，因為堅持需要付出一輩子！準備好用一輩子來堅持，你的對手將會聞風喪膽！

當你面對客戶時，客戶絕對可以感受得到，你是一個容易放棄，還是選擇堅持的人。決心與堅持，遠勝於滔滔不絕的銷售話術，這是真理。

※你是老鷹？還是鴨子？

業務是個充滿趣味且賦有魔法的工作，現在的狀態，取決於過去一直以來對自我認知的態度。我們說過業績的好壞，與天份優劣、學歷高低沒太大關係。現在所呈現出來的狀態，絕大部分是一個自我內心的反射結果。

在我擔任業務主管一段時間之後，慢慢發現業務只有兩種：

一種是老鷹，

另一種是鴨子。

什麼樣的業務是「老鷹」呢？就是我們想要成為的頂尖業務。那什麼樣的業務是「鴨子」呢？就是老鷹之外，剩下的業務都是鴨子。沒錯！業務真的只有兩種。

我必須很尖銳且不客氣的指出，鴨子只會成群呱呱叫，卻什麼事都幹不了！那麼現在的你，是老鷹？還是鴨子？

如果你認為現在還稱不上是老鷹，只是隻鴨子，這就是最大的問題所在！

拜託！鴨子永遠不會變成老鷹，而如果你是老鷹，絕對不甘於先做鴨子，然後才成為老鷹。如果你從不認為你是老鷹，就永遠不可能成為老鷹！

我所認識的頂尖業務，每一位都是在一開始時，就認為自己一定是老鷹。現在你也擁有相同的機會，一個重新定義自己的機會，只要你願意！

相信我，絕大多數的客戶，只喜歡跟老鷹的業務打交道，這就是你業績永遠好轉的關鍵原因。當你不認為自己是個贏家時，那客戶絕對不會選擇跟輸家交易，因為客戶從你的眼神裡，見到了輸贏。

要當老鷹不需要原因，更不需要理由，就像飢則食、渴則飲一樣，這是本能。

當我隻身前往香港奮鬥時，公司在尖沙嘴提供一個便利，但空間不大的辦公室。雖然我們信心滿滿，都認為在香港拓展一定會成功，然而卻不知道成功何時會降臨，但我們一直在為目標而奮鬥，我一直在做一個好主管應該做的事，甚至付出更多。我一天約見兩個以上的客戶，同時還得做招募，假日帶著員工到商場佈點，再加上親自為所有新進員工作訓練。我總把目標設得很高，然後全力以赴！結果不到半年，不僅達成目標，甚至遠遠超乎預期。尖沙嘴的辦公室已不敷使用，我決定將辦公室遷移到較高檔的港島區，氣派寬敞的新辦公室座落在銅鑼灣。

我例行性每個星期做招募，不知道歷經多少次招募，在某個星期六中午，做完教育訓練後，有一個新人跑來問我：「Jackie經理，我下午可以留下來打電話嗎？」

我愣了一下，這句話似曾相識！時光倒退到我當業務上班的第一天，也問了經理同樣一句話。

當我一回神，直覺告訴我，問這句話的人，絕對是老鷹！他是Steven，果真是一隻展翅翱翔、傲視群倫的老鷹！

※你有成為頂尖業務的動機嗎？

如果在一開始做業務時，你並沒有立下宏願成為這個行業的老鷹，即使如此，你也無須擔心，因為今天就是改變工作軌跡的最佳時刻。只有極少數人具有遠見，在一開始就非常明確的知道自己要的是什麼！就連我也跟你一樣，都是平凡的多數人，在一開始時，我只想著賺錢，只想著餬口，只要有一份工作就心滿意足了。或許我比你幸運，在做業務的第一天，打的第一通電話，就約到第一位客戶，而且就在當天傍晚簽到我的第一張訂單。

當天傍晚，一張熱騰騰的新鮮訂單躺在公事包裡，我已迫不及待要向全世界宣布這個好消息。我騎著向朋友借來的高齡小綿羊摩托車，在臺中的文心路上，從北屯朝著五權西路的公司「奔馳」。因為剛簽的新訂單必須影印傳真回總公司，才能讓總公司打電話給客戶，約定時間，準時送貨，更重要的是下個星期，我的傭金就可以入袋了。當我回到五權西路的辦公室時，幸好！辦公室還有另一個人在，真是幸運！

我見到一位中年男子也在傳訂單，由於我是第一天上班，根本不知道怎麼做，於是我問了那位同事：「請問我剛剛簽了張訂單，要怎麼做後續處理？」他打量了我一眼，嘴巴張得大大的說：「你是隔壁辦公室Team的吧！你回去你們辦公室傳就好了！」我心想可能我是第一天上班，他沒見過我。我說：「不是的，我今天在這裡受訓的，今天是我第一天上班，因為約到客戶馬上就去談，不知怎麼客戶就簽了，所以回來處理訂單的！」

他一聽到是自己人，馬上非常有耐心的教我如何處理。在接下來的星期一上午例行會議上，我接受表揚，響亮的掌聲瞬間佔據整個辦公室，其間充斥著驚訝、讚美與羨慕。嘿！Jackie，我告訴我自己，這感覺真的「好爽」！比領到錢還棒！

從那一刻起，我愛上這種榮耀的感覺，深深上癮而不能自拔！現在容我再問你同樣的問題，你真的想成為頂尖業務嗎？那你必須拚盡全力，成為單位業績第一名！區部業績第一名！地區業績第一名！全國業績第一名！你要的是第一名，第一名，第一名！

你必須奠定自己的地位，不只是在公司或旁人眼中的地位，更是自己內心對自己的定位。你必須讓同事、對手、客戶，遠遠看到你，就知道第一名來了。你必須長時間保持第一名，時間要夠長，直到第一名深深烙印在你的腦海裡。

當初，我做業務並沒有任何特別的想法，滿腦子只想賺到錢！因為我有沉重的經濟壓力，萬一賺不到錢，我連吃飯都有問題。

所以我努力向業績好的同事學習，努力約客戶，努力開發客戶，努力銷售產品。成功的果實也來得很快，做業務不到兩個月，我已經解決經濟上的問題了，但慢慢的發現到，滿腦子只想到錢，雖然一時之間有強烈的動力，卻無法帶領我走得更久更遠。而且當思緒被金錢填滿時，會讓整個人變得油條，散發出令人厭惡的銅臭味。客戶遠遠就知道一個愛錢的業務來了，就算化成了灰，也認得出這是一個眼裡只有錢的業務！我們當然「愛賺錢」，但只有愛賺錢，終究無法在銷售上取得更大的成就。

F1賽車手舒馬克，贏過無數次冠軍！

試想當舒馬克在緊要關頭，過彎加速要超車時，他腦子裡會想著：超越他，我就可以多賺多少錢？或是超越他，我將成為第一名？

世界一流的賽車手，在比賽中肯定全神貫注、心無旁騖，我認為舒馬克享受成為第一名，勝過他想賺錢的念頭。雖然他想著「第一名」，而不是賺多少錢，但你認為舒馬克到底有沒有錢呢？舒馬克當然很有錢，但不是因為他想著錢，錢只是他成為第一名後的「附加價值」。

成為第一名，就是今天要約定的誓約。成為第一名的態度，就是成就自己的動機，這個動機要比大年初一搶頭香還積極。我在香港住了很長一段時間，發現香港業務喜歡去拜拜，他們有格調、有堅持，不隨便亂拜，既然拜拜是要求好業績，當然希望得到老天爺更多的眷顧，於是很多業務喜歡搶頭香。

搶頭香是非常不容易的，必須要有過人的意志跟體力，而且必須早起早到，才有機會搶到。大多數的業務搶頭香是一回事，做業績就變成另外一回事了！

老天爺已經清楚教示，要成為超級業務，就跟搶頭香一樣積極就對了！

改變命運的契機，掌握在自己手中。當初我決定要去開拓香港市場時，臺灣有一群業務經理為我舉辦歡送會，其中有一位業務經理問我：「Jackie，你為什麼膽子那麼大？香港那麼小，而且香港人英文好，英文教材很難賣吧！」

說實在的，我沒去過香港，也不知道去香港到底會不會成功。但是我很清楚一件事，就是如果因為想太多而裹足不前，將來一定會後悔。萬一結果失敗了，我能接受，但是不能接受的是還沒做就失敗了！

迪士尼美語同事

時間回溯到一九九六年，公司新進人員來了一位身穿白襯衫的年輕人，英文名字叫Jackie。我在這樣的單位，看著業務人員來來去去已是司空見慣、稀鬆平常的事，要面對無底薪、高挑戰性的工作，得有堅強的意志力。我心想著，這位新人他能撐多久。

客戶開發第一關是電話陌生拜訪，有些人甚至連拿起電話都非常恐懼，Jackie居然在上班的第一天就開發到一位客戶，並且簽到了訂單。咦！我發現Jackie的學習能力還挺快的。

經過一段時間，我好奇的問他：「為什麼你老是穿同一套衣服？」Jackie才說：「我跟媽媽賭氣，從加拿大回來臺灣，打算一個人打拼，薪水還不夠買另外一套衣服。」這是我對Jackie第一個深刻印象，我特別訝異的是他竟然有如此氣魄，不帶分文自己回來臺灣，從零開始。當時他的第一套西裝，是我們經理送他的，他的機車非常破舊，那是同事借給他的。Jackie就這樣開始了他的業務生涯。

Jackie和一般時下年輕人沒有兩樣，大家嘻嘻哈哈，稱兄道弟。一旦開始工作，聽Jackie在電訪時，和客戶對談又是如此輕聲細語，讓我覺得這小子還挺不簡單的！就這樣，Jackie很認真的在工作，有時甚至我週一一大早進到辦公室，就看到我的桌上放著他在禮拜天簽好的訂單，準備好讓我幫他送件。喔！連週日也認真工作的態度，我知道Jackie有別於一般業務，他是個不折不扣的創業家。

當然業務的考驗沒那麼簡單，有一陣子Jackie很少簽到訂單，碰上了撞牆期。雖然心情會煩悶、急躁，但他始終都能為自己找到一個出口。他開始放慢腳步，有空會去釣釣魚，也在一九九八年四月受洗為基督徒。也許是心境上的改變，讓他在工作上有了不同的想法與方式，漸漸找回了業務的手感。這下好了！他可多了一個稱號，叫師奶殺手。可知道他有多厲害了吧！

Jackie在工作上的努力與企圖心，屢創佳績而晉升成業務主任。成功達成Top Sales的資格，參加公司舉辦的國外旅遊，這是如此尊榮的象徵。而且我相信這是他辛苦努力得來的，他值得擁有這個成果，絕非僥倖。

有一天總公司捎來一封信，希望臺灣各分公司推派一個人，參加國外香港分公司的業務經理甄選。我主動幫Jackie報名，因為他的企圖心很強，我相信他可以做到。經過一連串總公司的審核，他已經確定前往香港。之後的香港生活可精采了，因為他一直表現得非常好。

幾年後Jackie回來臺灣，他說準備報考中醫，如此大的轉折，著實令我非常訝異！也許是他走過高峰，想褪去風華，趨於平淡，但我相信在高峰之後，就是再創另一個高峰的開始。

很高興Jackie願意把二十年的經驗寫出來，傳承給每一個願意努力奮鬥的業務。當你正在閱讀這本書，雖然許多書中所講的觀念或方法無法一蹴可及，但是慢慢修正，日積月累，一樣可以到達成功的彼岸。Jackie真誠分享他的業務之路，相信他能夠提供方法，指引方向，解除疑惑，帶領你輕鬆面對業務難題。

Chapter 2.

態度決定高度

面對問題才能解決問題

我曾經看過一個訓練家犬的電視節目，訓練師正在解說，如果不幸遇到一隻極具攻擊性的惡犬，該如何因應呢？此時轉身逃跑絕非明智之舉，惡犬肯定齜牙咧嘴、拔腿狂追。如果冷靜的站在原地，用堅毅的眼神注視牠，當你選擇毫無懼怕、勇於面對時，反而牠會畏怯。

挫折永遠來自於惡習，更來自於缺乏危機感，最後失控於不敢面對。

※面對羞辱、沮喪、失敗和打擊

身為業務，如果你非常在意被客戶拒絕、解約、否定……，那很快會使自己變得毫無自信。首先得認清一個事實，只要是業務，無論置身哪個行業，不管位居什麼職級，來自客戶的羞辱、沮喪、失敗和打擊，將會如影隨形且終身無法擺脫。你必須學會與它們相處，而且越快越好！

我始終相信羞辱與打擊，是促使我持續成長的動力來源，也許你覺得難以置信，或認為把客戶的羞辱化為成長動力，是說得容易，做起來比登天還難的事情。的確，在從事銷售多年之後，我才領悟到這件重要的事實。我們之所以被客戶拒絕，不全然是因為客戶存心要拒絕，某部分原因是我們還沒好到讓客戶無法拒絕，所以我們常常看到一個狀況就是，某個業務去不成交，但換作另一個業務去就成交了。客戶的拒絕，絕對是你垂頭喪氣最冠冕堂皇的藉口，但同時也是自我反省、自我進步的好機會！

在二十年的銷售生涯裡，我有沒有遇過挫敗？當然有挫敗，而且是澈底的挫敗。就在我剛從香港回臺灣時，自恃在香港豐富的銷售與領導經驗，頂著資深業務經理、銷售冠軍的光環，想必求職不是難事。但卻一直找不到滿意的工作，後來朋友介紹我去幫保險公司講ＯＰＰ（事業說明會），於是我和保險公司的講師，直接約在ＯＰＰ的會場見面。我一到會場差點昏倒，那是在桃園蘆竹的某餐廳裡，十幾桌客戶興高采烈的吃飯飲酒，講師在臺上解說產品，聲嘶力竭、揮汗如雨，現場一百多個客戶，從頭到尾沒半個人理會他。

我當場回絕了那位講師的邀約，我是從正統外商大公司出來的業務主管，怎麼可能在這種場合講課，簡直就像在街頭賣藝一樣。但在一個月後，我還是回頭找那位講師，因為我實在不習慣朝九晚五的工作。

我的第一場OPP在羅東，老實說我真的很不喜歡這樣的工作生態，當時還沒有雪山隧道，我得開車繞完九彎十八拐，先把要送客戶的贈品載到講課地點，那些贈品是非常俗氣的棉被。天啊！我曾是香港美商的堂堂資深業務經理，現在要大熱天提著棉被去講課，實在是滑稽又難堪。這是我在保險業的處女秀，沒有人相信我會講得好，所以公司安排了一個小場次，業務加客戶不到二十人。雖然我在上臺之前，已將簡報資料背了上百遍，但是在開講的那一剎那，我還是將講稿抽了出來，從頭到尾看著講稿一字一句的照念。這樣的演講效果如何？可想而知，效果非常差，我真想找個地洞鑽進去，與我在香港的表現簡直天壤之別！

當我結束下臺時，主辦的經理五官痛苦糾結，對著我發牢騷：「哇！這樣你都敢來？」我還能說什麼呢？是我的表現太差勁，沒有做好準備就上場，這一切都是我的錯。但我認為錯誤還是有辦法彌補，只要我再加把勁，做更萬全的準備，這一切難堪的事情就不會發生。

於是我雙眼直視著經理，口氣非常堅定：「經理，你下個星期還會再舉辦嗎？」

「會啊！」

「你可以再給我一次機會，讓我再來一次嗎？我絕對會表現得非常精彩。」

經理看著我，不可置信遲疑了幾秒鐘：「幹！你真的很有膽！」經理當時真的爆了粗口。

成為頂尖業務，通常和運氣沒有太大關係。大多數人跌倒之後，給自己一個繼續躺在地上的理由，此刻需要的絕對不是運氣，而是在遭遇重重困難之後，仍能堅定往前的決心。要成為頂尖業務，全憑是否能接受超過百次，甚至千次、萬次的羞辱、沮喪、失敗和打擊。

「在哪裡跌倒，就從哪裡爬起來！」因此失敗對我來說是一件好事，也是一個機會，讓我能夠痛定思痛、澈底改變。我習慣面對失敗挫折，克服困難並持續突破，如今才有機會再次翻轉我的職業生涯，從銷售冠軍、專業講師到提筆寫作，所秉持的態度始終如一。除了習慣面對失敗挫折，還要心懷感激，感激自己還有機會去改變，有機會可以變得更好更強。所以關注的聚焦不是失敗本身，而是失敗的價值，並切記永遠不要抱怨客戶，失敗是因為自己準備不足、學習不夠，唯有虛懷若谷、反求諸己，才能從錯誤中學習，然後下一次出現在客戶面前的，將是一個更堅強的全新自己。

要成為頂尖業務，必須獨自攀上令人稱羨的高峰，但也得習慣令人心碎的低潮，因為這就是業務人生，有高峰必有低潮，能安然度過低潮，才有本事創造高峰。雖然今天可能成交一位大客戶，但明天隨之而來的可能是低潮，業務永遠不會知道大客戶和低潮，哪一個先到。所以要學會欣然接受好消息，坦然承受壞運氣。你絕對看不到頂尖業務坐困愁城、哀聲長嘆，你只會看到他們智者不惑、勇者無懼，目標清楚而行動果決。大家都知道成功絕非偶然，而是歷經無數次失敗之後，持續堅持的結果，頂尖業務當然也知道這個道理，差別在於他們用實際行動去驗證。

我是業務，需要持續的開發客戶，當然也要不斷的做銷售。因為我深信一位沒有輝煌銷售經歷的講師，絕對無法講述成為頂尖業務的「眉角」。既然我持續不斷在開發與銷售，會不會遇到客戶拒絕呢？會不會遇到挫折呢？當然會遇到，而且每天都在上演。即使我的業績很好，但不是每位遇到的客戶都會向我購買，所以當然會有挫折。我要分享一個快速拋開挫折的方法，就是面對挫折時要少根筋。我常禱告：求上帝給予我智慧，去分辨什麼事情能改變，什麼事情不能改變。能改變的是，如何調整自己面對挫折的態度，學習更多方法去減少挫折發生；而不能改變的是遇到挫折的當下，沒有必要為已經發生的事情擔憂，縱使再多擔憂，依然不能改變事實。

有次在北部講課，由於我有一個習慣，在講完課之後，會到附近的公司作陌生拜訪。當時拜訪一位某大公司的業務經理，經理知道來意後，擺出一副非常輕蔑的表情和自以為是的態度，比個手勢示意要我離開。當下，我笑著離開經理的辦公室，心想：I will be back。

之後，我透過不同管道及朋友介紹，還是成功約到了這位業務經理，並且成交。再見面的時候，對方根本不認得我，早已忘了曾經拒絕我、讓我難堪。你知道嗎？大部分客戶在拒絕時，只是當下直覺且習慣性的反應，其實心裡沒有太多想法，既然對方早已忘記，我們又何必把挫折記得那麼清楚呢？

※業績不好的最大障礙

我第一次做業務，在上班的第一天就約到第一位客戶，然後簽到第一張訂單。在星期一早上接受表揚時，同事們對我的印象是：這個年輕人真的很努力。

後來經理知道我是騎著摩托車跑業務，他問我：「會不會開車？」

「會啊，我有駕照。」

「我有一部花一萬臺幣買的車子，是裕隆Sunny，手排，你會不會開？」

「會啊，怎麼了？」

經理說：「這部車子很破爛，但跑起來沒什麼問題，最起碼可以遮風避雨，借你開覺得如何？」我毫不考慮一口就答應了，開車當然好過騎摩托車！

當我看到這部車之後就開始後悔了，這部車居然讓我覺得，騎摩托車好過開車！這部車根本是古董，非常破爛的古董，白色斑駁的車身，滿滿的鏽蝕，最令我訝異的是前排可以坐三個人，長條形的座椅像沙發。車窗全都是手搖的，那個年代的車沒有碟煞，更沒有中控鎖，車門上鎖、解鎖只能使用鑰匙。每當要把車子開進加油站，是我內心最痛苦掙扎的時刻，因為左前方的大燈是脫落的，僅靠一條電線連接燈座，一路不停的搖搖晃晃。但仍非常感謝當時經理借我這部車，讓我不必承受風吹日曬雨淋，比騎摩托車還幸福。

在二個月後的某個星期天上午，我正在教堂作禮拜，同事發了一個訊息給我，要我在禮拜結束後，趕緊到文心路上的裕隆中古車行。當我趕到時，同事Hill、Jason、Jerry、Richard、Denise已經在場，他們圍著一部中古車仔細打量著，有人打開車門檢查、有人在端詳引擎、甚至有人趴著檢查底盤，他們一見到我便開心的叫著：「Jackie，這部車真的非常適合你，價錢不貴，而且車況還不錯喔！」

當時我的收入還得償還在加拿大欠下的卡債，所以阮囊羞澀、所剩無幾。這群可愛的同事發現我面露難色，肯定知道我的心事，不僅如此，他們還幫我想好了解決辦法。於是我在辦公室起個互助會，他們都來跟，我清楚知道他們的情況，根本不需要跟會標會，這麼做純粹是幫助我。

只要自己夠努力，不只身邊的朋友、同事會幫你，就連上司、客戶都會幫。我想要表達一個不爭的事實，業績不好的業務，百分之九十九的原因是自己太懶，不夠努力！懶到旁人想伸出援手拉一把，還找不到他的手在哪裡。

根據統計，一般業績不好的業務，一個星期只花五至七個小時在銷售，也就是跟客戶面對面銷售的時間只有五至七個小時，如此少的銷售時間，絕不可能成為頂尖業務。如果其他時間都待在辦公室，而想要告訴自己真的很努力，無疑是自欺欺人的鴕鳥心態。因為坐在辦公室裡，業績不會從天而降，業務必須清楚自己的戰場是在辦公室之外，是在客戶面前，站起來走出去才會有業績。坐辦公室的業務只能證明一件事，就是開發客戶的能力差，否則就是太懶了！

業績絕不等於上班時數，這就是業務工作的魅力所在，待在辦公室的時間長，不代表你很努力，你要拿出決心和行動力，虛心請教、努力學習、持續約訪、不斷拜訪客戶。如何檢視自己每天確實在工作呢？只要看看是不是做到下列四件事——

堅持每天開發客戶，

堅持每天確實約訪，

堅持每天見到客戶，
堅持每天努力學習。

每天做這四件事很難嗎？對於擅長找藉口的業務來說確實很難，但對於想要成為頂尖業務者來說，只是開胃菜，最基本的要求而已。

除了努力之外，還有幾個重要觀念必須釐清，確認你已調整到正確的業務心態，努力再加上正確的心態，有助於你更上層樓、邁向頂尖。

如果你在找尋一份有底薪的銷售工作，「領底薪的心態」絕對是羈絆和阻礙，甚至是招致失敗的根源。一頭關在動物園裡的獅子，和一頭生長在野外與大自然搏鬥的獅子，何者是萬獸之王呢？許多人選擇了業務工作，卻把自己關在獸籠裡，天天等著管理員餵食，一團不會奔跑的肉，讓獅子忘了與生俱來的狩獵天賦，反正每次都是適度的分量，雖然不會餓倒，但也絕對無法大快朵頤。

大部分的職業都有一份底薪，何謂底薪？我的詮釋是「最底層的人領的薪水」。如此詮釋雖有點難堪，但光靠底薪絕不可能致富，反而為了這份底薪，卻要屈身關在籠子裡。

一直以來，我都是從事無底薪的業務工作，甚至當我被公司派到香港開拓市場時，也只領過三個月的保障薪，但我第一個星期所領的傭金，早已超過保障薪數倍，這才是當業務最吸引人的魅力所在。只要夠堅強、夠努力，持續的學習與進步，就可以得到應有的獎賞。因此不要留戀底薪，如果想追求更高的夢想，卻選擇有保障底薪的業務工作，只會作繭自縛，讓收入遞減。

選擇業務，是為了高收入？還是工作自由？你之所以選擇業務，是因為工作較自由？還是有機會賺較多錢？我在講課時，經常問這個問題，大多數的回答是：兩者都有！

在一般人的認知裡，選擇業務是因為有機會同時擁有高收入和工作自由。但我看到的結果，大多是兩者兼具，或兩者皆空。

首先要有業績進帳，才不會讓自己陷入無限惡性循環，每天忙著設定目標、擬定行動、結果落差、開會檢討，一旦成為被檢討的目標，就不可能擁有自由。所以一定要清楚知道，有業績，有收入，才有自由，業績是因，自由是果，順序不可本末倒置。

我擔任業務經理時，喜歡在辦公室門口放一個簽單鐘，當業務簽單回公司，進門馬上先擊鐘，越響亮越好，然後所有在辦公室的同事，聽到鐘聲必須起身鼓掌。如果你每次都是起身鼓掌的人，而不是擊鐘的人，內心作何感想？

當看到同事又簽單回來，你心裡在想什麼？

你想著：「真好運，又被他簽到一張了。」然後看到一群同事湧上去恭喜，有人會問：「這客戶哪裡來的？怎麼簽的？怎麼運氣那麼好？」其實別人運氣好或不好，有何干係？或者你會想：「我今天晚上就可以追上他了！」你會衷心的過去恭喜他，然後轉身繼續約訪客戶。業績好的業務一定做對了某些事情，才能在回辦公室時，意氣風發的去擊鐘。其中有一件事是百分之百肯定的，他之所以有業績，肯定有約到這位客戶，如果連客戶都沒約到，肯定永遠只能起身鼓掌。

看到同事上臺領獎時，你的感受是什麼？

要是我一定會渾身不對勁，因為上臺的應該是我。記得晉升業務經理的第一個業務競賽，我拿到臺港地區所有業務經理組的第一名，當我上臺接受表揚時，臺下有好幾千人，掌聲澎湃洶湧、氣勢如虹，我感覺像要飛起來一樣，真的很棒！令人永生難忘。

頂尖業務總是眾人目光的焦點，在這個行業，業績就是一切。當你業績不振、深陷在傷心的泥沼時，別人只能給你一個愛的抱抱，順便獻上安慰：「我知道你很努力，只是運氣……」「沒關係，別放棄，你就乖乖聽話照做……」此刻你感受到愛和溫暖，但卻沒有改變事實和結果。如果你滿腦子都是想著：「下次該我上臺領獎！還差多少就可以上臺！」哪有時間愛的抱抱，哪有時間喝咖啡療傷。所以頂尖業務常常上臺領獎，沒時間閒扯五四三。如果你喜歡眾人的掌聲，樂於接受眾人的恭喜，那就努力讓自己每次都上臺領獎吧！

你敢衝第一，挑戰高目標嗎？

很奇妙！當業績目標訂八萬時，將永遠達不到八萬。當我去業務單位講課時，常常聽到主管苦口婆心的告誡業務：「你們要注意每個月的最低目標額啊！未達到最低一個月八萬的人，將會……」接著就是一長串威逼利誘的詞語。公司訂的最低目標，那是對頂尖業務的污辱，一旦接受這個最低標準的話，將永遠永遠不可能成為頂尖！如果目標低，預期的付出就更低，每一天都會在輕鬆寫意中度過，心裡總想著：「沒關係，時間還很充裕，下星期或許就會有訂單簽進來了！」最後的結果可想而知，連最低標準都無法達成。所以現在就將每個月的目標調高，然後盡力去突破。

還在用相同的藉口嗎？「等一下我就去做……」

請改掉「等一下」這個藉口，如果事情當下就可以完成，為什麼還要等一下呢？「等一下」是拖延、鬆懈、懶惰的習慣，有自我催眠、自欺欺人的效果。若習慣自我催眠，自然會逃避辛苦、尋求安逸，而安逸懶惰正是貧窮的開始，就像嗎啡會讓人上癮，深陷其中而無法自拔。若習慣自欺欺人，只要說一個謊，就要用其他九個謊來圓，然後整天忙著說謊和圓謊。所以該做的事情，請「馬上」就做，因為等一下之後，就忘記了。

※離開舒適圈

講課是非常有趣的工作，去到各個不同的地點講課，代表我沒有固定的辦公室，沒有固定的教室，每天面對不一樣的學員，每趟行程都像在探險，所以沒有什麼事情比每天在不同地點講課更有趣了！

現在無論我身處何地，都可以完全融入陌生的環境，盡快讓自己舒適愜意、有安全感，當我面對任何人，即使是陌生人，同樣有快速的調適能力。總之，我隨時隨地都可以很快進入狀況。這樣的能力，一部分要歸功於之前公司的教育訓練，一部分是因為我認真勤快，不斷約訪客戶所累積培養出來的。只要能約到客戶，不管天涯海角，我都會準時出現在客戶面前，當然不是只有見客戶、簽訂單抱持這樣的心態，而是必須用一貫的態度，面對每一件事情。

當我還在臺中當業務主任時，約到一位住在南投鹿谷的客戶，當時還沒有三號高速公路，問過同事後得知，從臺中開車過去要走山路，必須花費好幾個小時的時間。當時約了這位客戶，因為路途遙遠，又是約晚上八點，讓我非常猶豫，甚至一度心生放棄的念頭。

但在約訪當天，我仍遵守約定，傍晚帶著地圖出發了。到了鹿谷已經過了七點，距離約定的時間八點，還剩下四十五分鐘，即使還沒吃晚飯，還是先找到客戶家會比較安心。那裡的路並不複雜，很快我就找到了，趕緊停好車隨便找間麵店果腹，我七點五十五分站在客戶家門口並按了電鈴，客戶住的是透天厝，從外面看去窗戶都是暗的，代表客廳沒有開燈。我按了一陣電鈴毫無回應，跑到附近打公共電話，客戶也沒接。我心想：「慘了！大老遠跑來一趟，居然被客戶放鴿子。」我回到客戶家門口繞了一圈，發現屋旁有一條小巷，可以通到屋後，當我經過小巷時，發現客戶家是長方形的，而且相當長。我繞到客戶家的後門，居然從屋裡透出微微的燈光，我試著敲門，不到三分鐘，客戶開了門。原來客戶在樓上，聽不到大門的電鈴，也聽不到客廳的電話鈴聲，幸好我有繞到後門來敲門，他正好下來廚房，才能聽到敲門聲。如果我沒有盡力嘗試各種方法，而選擇馬上離開，那就簽不到這張大訂單了！

業務必須展現韌性和毅力，不輕言放棄，萬一被客戶放鴿子，就轉換心情，當作是一日遊吧！這樣的經驗告訴我們，如果只願意留在熟悉的範圍活動，那就得打消成為頂尖業務的念頭。離開舒適圈意味著，學會隨遇而安，習慣獨自一人到陌生的外地，並勇於嘗試做一些冒險性的事情。活動範圍越大，移動速度越快，成功的機會就越高，而且擴大活動範圍，才能將行程排到滿檔。

離開舒適圈的先決條件，是改變作決定的速度，要更快、更即時。反應慢半拍，作決定時拖拖拉拉、猶豫遲疑的習慣，是脫離不了舒適圈的束縛。

我和Tony是二十年的老同事，我們差不多同一時期加入迪士尼美語公司，一起參加公司的大小訓練，不論訓練地點是在臺灣或海外。一次閒聊中，我們回憶某次在馬來西亞的海外訓練，記得當時一行人走到海邊，看到許多木頭搭建的訓練設施，高度令人望之生畏。其中印象最深刻的是單獨一根木樁聳立的設施，木樁的直徑不大，容不下雙腳同時站立，同時站立時有一半的腳掌是懸空的。這項設施訓練的要求是，必須獨自爬上約三層樓高的木樁，在沒有任何支撐的狀況下，整個人站上頂端，張開雙手，然後往下跳。當然這一切都有非常完善的安全防護，身上還扣著一條安全繩，雖然安全，但是大多數人看到三層樓高的木樁，內心還是非常害怕恐懼，而忘了身上還有一條安全繩。在獨自攀爬的過程中，越往高處木樁搖晃得越厲害，很多人爬到一半就不敢繼續往上，緊緊抱著木樁也不敢下來，甚至害怕到哭了出來。

輪到我上場之前，看到這樣的景象，當下已做好戰略準備，我告訴自己，無論心裡有多害怕，橫豎都必須完成，不如就加快動作，什麼都不要想，最好一氣呵成。在攀爬的過程中，木樁搖晃的程度超乎我的意料，越往上搖晃的幅度越大，讓人不容易站穩，難怪有人害怕到掉眼淚。整個攀爬的進度按照我預先設想的狀況，雖然心中難免害怕，但我的注意力已經不放在害怕上，而是如何能在被甩落之前，快速的站上木樁，這也是過程中最困難的動作。在木樁頂端，伴隨著劇烈的搖晃，還有心中的恐懼，這時我聽到下方傳來歡呼聲，因為在恐懼還來不及擴大之前，我已經安穩的雙腳站上頂端，張開雙手遙望遠方的海際線。我深深吸了一口氣，奮力往前跳，並且安全著陸。

我從這次訓練學到「快速處理任何事情」，只要做事猶豫拖延或顧慮太多，不確定性、不安全感就會擴大，接著更多的負面思維紛紛湧現，直至塞爆大腦。最後會是什麼結果呢？會讓你滿懷不安全感，但仍繼續留在舒適圈裡。所以立刻採取行動，是所有頂尖業務的特質，當有想法就要立刻行動，錯誤時再作修正，如此看似魯莽，但總好過原地踏步。

「如果有時間、下次有空的話、等我有錢時……」這些都是逃避行動的藉口，保持現況，繼續留在舒適圈，看來沒有損失，但絕大多數的機會是錯過就消失了。我們看到頂尖業務總是有許多機會，令人羨慕，而不禁心想：「為什麼好運不是降臨在我身上？」但我們沒看到的是頂尖業務的行動力，他們總是快速作決定，作決定後馬上付諸行動。其實他們並非擁有較多機會，而是毫不猶豫的行動力，讓頂尖業務遇到更多機會。

失敗者總是在猶豫，因為害怕作出錯誤的決定，而當猶豫時，機會已悄悄從身邊流過。所以別再抱怨沒有機會，要檢討的是自己的行動力，因為恐懼而不行動，永遠都不會成功，從錯誤中不斷學習，才能越挫越勇。

決心決定命運

有一次收看體育臺的實況轉播，中華隊在洲際棒球場打國際賽，看到中華隊球員守備失誤、被投手三振時，臉上出現尷尬的微笑，少了專注的眼神。我感覺中華隊並沒有全神貫注在比賽，也沒有強烈的求勝企圖心。當時打到第三局，雙方比數零比零，可能是因為後面還有七局吧！後來比賽九局結束，中華隊輸球了。

當你告訴自己沒關係，因為還有下一局時，鬆懈的心態將造成無法挽回的結局。你得告訴自己，決戰就在此刻，把每一局都當成是九局下，每一球都當成是兩好三壞滿球數。

※是想要？還是一定要？

在我正式到香港任職之前，剛好香港有一場迪士尼展覽，公司在灣仔會展中心安排了一個攤位，雖然時間只有一天半，老闆還是希望我前往參加。他說：「你這次去香港展覽，來不及印刷正式合約書，客戶也無法選擇分期付款，必須一次付清港幣約五萬元。所以你沒簽到任何訂單，也不要有太大的壓力，去試試看，感受一下產品在香港的水溫。」

雖然我會講廣東話，但這是我第一次到香港，心情非常興奮，而且可以趕在啟德機場停用關閉前去一趟，別具意義。出發當天早上到了機場，看到飛機起飛時刻表，才知道原來每天有這麼多班機飛香港，登機後一個半小時的航程就到達香港了。

坐在從啟德機場前往銅鑼灣怡東酒店的計程車上，我興奮又好奇的看著窗外，一切對我來說都是如此新奇。香港帶給我的第一印象是擁擠，沿途所見都是密密麻麻的大樓，想到以後要長住在這樣的環境，令我喘不過氣來。當我將行李放在酒店之後，信步逛到銅鑼灣ＳＯＧＯ前的軒尼詩道，眼前黑壓壓一大群人在等紅綠燈，當綠燈亮起，雙向行人頓時交錯在同一個十字路口，看到香港人走路的步伐，迅速而有效率，真正讓我感到驚訝。我心想：「要趕快加快自己的速度，才能快速的融入香港社會！」

從銅鑼灣坐計程車到灣仔會展中心只要十五分鐘，我對展覽並不陌生，因為每次公司舉辦大型展覽，我總能成交客戶。雖然這次是在香港，出發之前老闆告訴我盡力就好，預期可能簽不到訂單，但銷售的道理放諸四海皆準，「盡力就好」的目標，我無法對自己交代，因為我始終認為我做得到。即使時間只有一天半，沒有正式合約書，沒有分期付款，我深信一定可以成交客戶。

我在展覽的第一天，就成交了兩位客戶。我已經忘記成交過程的細節，但永遠不會忘記當時說著生疏又蹩腳的廣東話，還有一定要成交的決心。因為時間有限，所以我在第一天第一位客戶，就得全力以赴。奇妙的是，決心會化為正面的能量傳遞給客戶，激勵客戶盡快決定購買。就如同棒球比賽，把每一局都當作是九局下，**只有自己夠認真，客戶才會當真！**

當在建立一定要成功的決心時，必須謹慎選擇公司裡的朋友，先優化交友圈，才能加速執行力。曾經看過一則分析報導，自己的成就是和身邊最好的朋友，成就加總的平均值，所以要慎選朋友、慎選同事。因為選擇跟老鷹在一起，終究會成為老鷹，如果選擇跟鴨子為伍，很快的就會變成鴨子。

我曾經有過一段荒唐歲月，在加拿大認識了一群狐群狗黨，當然我也是狐群狗黨的其中一員，那幾個月是我這輩子最叛逆的時期。當時我們組了一個Band，大家整日無所事事，瘋玩樂器、到處閒蕩、去市中心買大麻……，現在回想起來仍心有餘悸。

回到現實生活中，你和誰做朋友？你向誰學習？「友直，友諒，友多聞」是益友，這非常重要，接近凡事都全力以赴的朋友、同事，可以改變自己的生活軌跡，決定事業的成敗。如果沒有強烈的企圖心與行動力，註定無法跟上頂尖業務的腳步。

記得剛加入迪士尼美語時，慶幸自己跟幾位積極進取的同事成為好友。我常站在走廊抽煙，遠遠看到Jerry從電梯出來，從他走路的步調及臉上的表情，就知道他又簽了訂單回來。當Jerry走到我面前時，會刻意展示勝利者的姿態並拉高嗓門：「你還在幹什麼？我又簽一張了。」當然我也不甘示弱的還以顏色：「晚上你就知道，我會馬上追上你的。」這是難得的良性競爭，我為了贏過Jerry，拚命豁出去了，最高紀錄一天約訪五位客戶，並且簽下五張訂單。

正面的業務永遠抱著希望，而且持續向前，

負面的業務永遠只會抱怨，而且裹足不前。

你希望與哪一種業務為伍？你希望成為哪一種業務？不論公司的規模大或小，都會形成次級團體，重點是你選擇待在哪裡？「溫拿」（winner）絕不會選擇與「魯蛇」（loser）混在一起，如果自己不上道，肯定連溫拿的邊都沾不上，只能窩在魯蛇的小圈子裡。

管理業務單位不是一件容易的事，無論是大單位或是小單位。我習慣用數字作管理，因為有規則可循，我在意的數字不是業績，而是每天安排的約訪行程，這才是業績的最大命脈。為了管理方便，我在辦公室掛滿了白板，請祕書在白板上畫格子，一位業務一格縱格，橫隔是以星期為單位，一天一格共七格。每位業務必須將整個星期的行程填上去，如星期一下午二點有約訪，就在對應的格子填上客戶的姓及時間地點。

我可以站在辦公室中央，一眼望去就看到所有業務整個星期的行程，管理起來方便許多。有一陣子我發現某幾位業務，會在同一天、同一時間、同時去見客戶，見客戶絕對是好事，好過在辦公室聊天，但事情有些不對勁，他們在見過客戶之後，完全沒有業績進帳，後來我才知道他們是上班時間相約去打麻將。其實我不太介意業務在上班時間相約出去玩，如果有業績的話，相信沒有人會介意，但問題是這幾位相約打麻將的業務，有二位的業績起伏不定，實在沒有本錢去耗時間，除非是想從此離開這個行業。如果自己無法拒絕誘惑，就該選擇和努力向上的同事做朋友，而不是那些慫恿一起去打麻將的同事。

如果你非常重視工作，就必須慎選辦公室裡的朋友，相對你也要夠積極努力，才能進入積極努力的朋友圈，當你持續積極努力，就能擠進屬於頂尖業務的朋友圈，多向他們學習、請教，並離開有負面思維的同事，馬上離開！記住，當你夠認真，別人才會當真。

※業績才是王道

景氣不好、客戶沒錢、運氣很差、陌生開發不容易，學習力不強、銷售技巧難學、沒辦法澈底執行……，所以我的業績不好！或許以上說的都對，可以列出千百個業績不好的理由，但自己是否認真嘗試過，試著找出一個讓業績變好的原因。

西元二〇〇〇年，全球網路泡沫化，引發一連串的經融風暴，香港正處在風暴的核心。二年後的二〇〇二年，爆發SARS疫情，香港是重災區，連香港人最習慣的茶餐廳都沒生意可做。當時我在香港，這二年有「業績不好」的超完美藉口，因為經融風暴，因為疫情爆發，實際上對業績當然有負面的影響。但會不會有些客戶本來就沒有經濟問題？會不會有些客戶不會對SARS過度恐慌？當時我的辦公室在銅鑼灣，對面就是SOGO，我每天走過全香港最繁華熱鬧的軒尼詩道，熙來攘往，有超過一半的人沒有戴口罩，即使疫情險峻，這一半以上的人是有機會約訪見面的。所以不能習慣為失敗找藉口，成功只有一個原因，而失敗卻有千萬個理由。

遭遇金融風暴及疾病蔓延，是危機也是轉機，當大環境改變，既有模式不足以因應時，正是自我檢視的絕佳機會，並找到動力去改變。所以我帶領的業務團隊改變了做法，我們花更多時間去商場擺攤位，花更多時間打電話約訪客戶，花更多時間訓練和激勵，結果是豐碩且令人欣慰的，我們的業績居然比以前還要好。

我的經驗是業績跟景氣沒有太大關係，但跟心態有絕對關係。不景氣反而是業務的救星，正是充實自己，改變做法的最好時機，而對經營管理者來說，不景氣反而更容易增員、擴展組織。

你如何看待所期望的事情，結果就會朝著期望的方向發展。不景氣，不是打敗你的理由！假設今天要去拜訪一位客戶，但在出發前得知一個壞消息，就是這位客戶一定會拒絕，不會向你購買，那你還會去嗎？相信大多數的業務會陷入猶豫，或者乾脆不去了。但有一個可以逆轉局勢的方式，就是在信念裡種下一顆種子，這顆種子是：「告訴自己，一定會成交，不要理會外在的因素。」所以見客戶之前，必須作最好的準備及最壞的打算，見到客戶之後便全力以赴。雖然每次都想成交，但結果並不是每次都能成功，只要有最壞的打算，就沒什麼好擔心的了，最壞的打算就是：「做了不一定有成果，但是不做就一定沒有。」

業績、金錢，絕不會天上掉下來，只會掉下鳥屎。要成為頂尖業務，打敗不景氣，一切都得看自己。如果有能力改變景氣，才有資格抱怨景氣不好，如果不能改變景氣，那就改變唯一能改變的「自己」。

景氣不好，所以要更努力，
遇到「奧客」，所以要開發更多客戶，
運氣真衰，加快速度走過衰運，好運就在下一站，
走路踩到狗屎，那以後走路要看清楚。

已經發生的事情無法改變，但可以改變面對事情的態度，改變自己，就能改變全世界。

曾經聽過朋友分享，有一位業務經理被外商公司挖角，外商公司高階主管在面試時，問了一些問題，當問到：「現在年收入有多少？」業務經理回答：「大約一百五十萬臺幣。」高階主管沉吟了一下：「你可以走了。」為何陡然有如此大的轉變？因為挖角的高階主管認為，區區年薪一百五十萬，如何帶領外商公司的業務團隊？如果真的有能力，得先認清一個事實，在業務銷售行業裡，自己必須先成為頂尖，才有本事帶領頂尖的團隊。

一位受尊敬的業務經理，一定有非常紮實的銷售基本功，因為銷售是「我做給你看」

的行業。所謂強將手下無弱兵，想要讓組織堅強，業務經理就是整個團隊最厲害的業務，否則業務經理如何幫助業務度過低潮、提升業績？鴨子可以帶領老鷹嗎？不！只有老鷹才可以帶領老鷹。

我在香港帶過一位業務Steven，跟我一樣在上班第一天，新人訓練完成之後，就問：「Jackie經理，我下午可以留下來打電話嗎？」從Steven身上我看到了頂尖業務的重要元素，一位頂尖業務會讓自己隨時處在工作狀態中，隨時保持明快的工作節奏，最大的好處是可以讓自己更快速的離開低潮，接著張開雙臂迎接業績成果。Steven從不浪費時間，每當我在辦公室看到他，一定是在座位上打電話約訪，期間偶爾起身如廁，回來馬上繼續打，因此他的行程總是滿檔，業績好到不可思議。

迪士尼美語公司一直以來只賣一套產品，只有一種價錢，但並非每位客戶都需要一整套，且整套價錢非常高，因此公司將產品拆成前半部與後半部，於是同一套產品就有三種組合，前半部、後半部及全部。通常銷售能力一般的業務，每個月的總業績都包含這三種組合，而Steven是唯一只賣一種組合的業務，不是前半部或後半部，而是最貴的「全部」。

堅持只賣最貴的產品，在剛開始是最難的，要非常相信自己且非常相信產品，同時要將信念傳遞給客戶，讓每位客戶都相信。只要跨越這道關卡，自始至終堅持相信，全力以赴面對每一位客戶，或許客戶會因為你的過度堅持，產生反感或失去耐心，若每十位成交的客戶，有九位是因為你的堅持努力而購買，那就不要害怕堅持會失去一位客戶。所以每一次見客戶的態度都必須一致，就是堅持到底。

訂下業績目標之後，別讓自己成為「講就天下無敵，做就冇（無、沒有）能為力」的人，這是我在香港時常聽到的一句話，嘲諷那些只會講、不會做的人，起初我還以為香港人只是愛開玩笑，後來發現這種人所在多有，許多業務嘴巴很厲害，說天、說地、說春秋，卻鮮少實踐自己的諾言。若習於動口不動手，則無法成為頂尖業務，無論在各行各業，最怕睡前決心要大刀闊斧改變，結果一覺醒來還是走原路，日復一日上演相同的鬧劇。

既然選擇業務工作，別讓自己成為「差一點就成交」的業務，儘速將這句話從辭典裡永久刪除。記得我第一次到香港參加展覽，一天半的時間共成交了三位客戶，回到臺灣受到老闆的熱情款待，在臺北擺了一桌豐盛的泰國菜，慶祝我在香港有好的開始。大家都心知肚明，有業績才是英雄，所有的銷售結果，只有成交與不成交，沒有差一點就成交的灰色地帶。如果我回臺灣告訴老闆：「請您要相信我，我真的很努力也很盡力，因為有好幾位差一點就成交了。」老闆臉色肯定一陣青一陣白。

我曾在香港買過一次六合彩，差一號，開的號碼減一的話，我就中頭獎了，只差一點就中頭獎，所以差一點就不是頭獎。對於「成交」也是如此，我在講課時，常聽到學員說：「我差一點就成交了。」我實在不忍心潑他冷水，但還是必須讓他理解，差一點的結果就是「沒有成交」。業務總不能跟老闆說，雖然我這個月沒有業績，但是那些客戶都差一點就成交，所以公司還是得發傭金給我。非常抱歉，沒有就是沒有！

※隨時隨地的自信

信心是可以傳遞的無形能量，看不透也摸不著，卻可以感受到，當你在創造信心的同時，信心也在創造你，成功的銷售正是一個完美信心傳遞的過程。信心可以完全左右銷售的成敗，當沒有信心時，連一支最廉價的筆也賣不出去，所以銷售信心絕對比產品或價格更加重要。

信心的建立絕非一次到位，必須透過長時間的累積，每突破一次銷售瓶頸，信心的能量庫就會獲得挹注。這些所累積的能量，很可能在某一次重大打擊後完全消失，但突破困難的成功經驗，以及遭受打擊的失敗經驗，皆會完全保存下來。經驗有助於快速重建信心，在不斷反覆的過程中，累積、消失、再累積、再消失……，讓自己日漸茁壯。因此信心不會無中生有，必須按部就班、日復一日累積，勇於承諾目標，自我督促並澈底執行。

回想我第一天上班就簽到第一張訂單，瞬間累積信心，我繼續在舊名單裡挖礦，短時間內又簽到三張訂單，再度加強我的信心。結果第三位客戶在出貨前，來電告知要退貨，我之前所累積的信心瞬間崩垮，於是我約了客戶再次面談，成功將訂單救回，當我步出客戶家門，所有的信心又都回來了。這就是建立信心、累積信心的必經過程，像洗三溫暖，又像坐雲霄飛車，只要堅持撐過困境，信心的基底就會墊高，突破的困境越多，層次也會跟著提升。

我到香港的第一天，公司在尖沙嘴辦公室舉辦一場簡單而隆重的開幕派對，幾十個人擠在小小的辦公室裡，全部都是從臺灣專程過來的長官、同事及好友，雖然場面氣氛非常熱烈，歡笑不絕於耳，但想到派對結束之後，只剩我一個臺灣人在這裡孤軍奮鬥，不安全感就油然而生。當派對一結束，我馬上到樓下的加拿芬道找地產仲介，必須趕緊將自己安頓好，才能專心致力於工作。我租房子只提出一個要求，離公司越近越好，於是仲介帶我看一間套房，走路到公司只要二分鐘。我一看簡直目瞪口呆，不到三坪的空間，竟然要價一個月四千港幣，但因離公司夠近，我不加思索就果決的租下。不到三坪的套房裡，扣除衛浴空間，再擺上一張床，連轉身都覺得很侷促。我在這裡住了整整一年，第二年我搬到灣仔十五坪的房子，到了第三年，我已經住在銅鑼灣告士打道上，面對尖沙嘴的全海景，房子超過三十坪。

當初我渴望成功、懷著夢想來到香港，希望用盡全部的時間來築夢，所以決定住在公司附近。因為有夢想，讓我將自己設定在自動駕駛狀態，只管朝著目標前進，並意志堅定的克服種種困難，日漸縮短我與成功的距離。夢想，正是建立自信的前哨站，如果沒有夢想作支撐，多數人在面對接踵而來的挫折後，信心已蕩然無存。有想過你的夢想是什麼嗎？快速找出自己的夢想，這是你責無旁貸的使命。

對於新手業務而言，要建立信心、累積信心是極大的挑戰，因為還沒有足夠的約訪經驗，也沒有足夠的成功或挫折經驗，無法循著反覆消失、累積的程序來進行。當好不容易約了一位客戶，在見客戶之前，有個土法煉鋼的方法必須謹記，從我新人第一天到現在，超過二十年的時間，每次見客戶之前，我會在客戶家門前告訴自己：

「Jackie，等一下你一定會成交，
這位客戶會很喜歡你，
客戶一定會把你當朋友。」

這三件事情，對著自己重複二十一次！這就是「二十一次效應」，一個動作重複二十一次，就會變成習慣；一個想法重複二十一次，就會成為信念。在尚未養成天然的自信之前，信心喊話是極有成效的方式，告訴自己是個有自信的業務，往後慢慢累積成功的經驗，自信便會不由自主的散發出來。

自信的特質展現在心理上及行為上，檢視自己擁有哪些？還欠缺哪些？

心理自信的特質	行為自信的特質
渴望勝利	生活規律
熱愛挑戰	定時運動
積極進取	設定目標
熱情洋溢	努力不懈
賦同理心	賦執行力
善於溝通	知錯必改
情緒穩定	注重細節
原諒他人	善於傾聽
忠誠守信	自動自發
充滿企圖心	當機立斷

不滿意現況	熱衷學習
追求財富自由	勤於練習
包容不同意見	樂於奉獻分享
樂觀看待挫折	熱愛結交新朋友
愛自己且關心他人	善待對我銷售的人

如果在心理上及行為上，都擁有超過十項以上的自信特質，那就是個有自信的業務。

如果尚未具備足夠的自信，就從此刻開始，塑造自己隨時隨地的自信。

銷售自己

你一定常常聽到：「做業務賣的不是產品，而是自己，你賣的是你自己。」

假設客戶已決定買一部賓士車，並且準備好三百萬車款，當走進展示中心，卻打從心底不是很喜歡這位接待服務的業務，請問客戶當下會簽約嗎？我想應該是不會，那客戶會怎麼做呢？找一位感覺不錯的業務購買，對吧！

客戶雖然已經決定要買賓士車了，但是不是跟你買？關鍵還是取決於「你」帶給客戶的感覺。

※誠信比能力還重要

有看過小孩子玩過一個遊戲嗎？打勾勾，蓋印章，說到要做到喔！

在銷售的基因裡，有一個基本原則，比任何能力或技巧都還來得重要，那就是誠信。必須嚴守誠信的分際，絕對不能逾越，因為這是銷售的底線，沒有什麼比誠信還重要，所有的成功都是從這裡出發，沒有了這條線，就連起點都沒有。

是銷售還是詐騙，取決於有沒有誠信。客戶絕對不是笨蛋，打從你出現在客戶面前，開口說第一句話開始，所有的言語與肢體動作，客戶絕對可以感受得到，你是個正派的業務，還是只想賺錢的業務。除了人的誠信之外，還要慎選銷售的產品，沒有誠信的產品千萬別銷售，因為這會讓誠信的基礎蕩然無存。

我在授課時，曾遇到一位學員問我：「老師，您有辦法保證上完課程之後，業績就可以增長一倍嗎？」當下我用堅定的眼神望著他說：「我沒辦法保證，因為我不知道你回去之後，會不會持續練習。」我清楚知道，我所教的方法當然可以讓你成為頂尖業務，因為我就是照著這個方式在做，但我不確定你在學習之後，願不願意像我一樣用盡全力。如果我習慣為了成交生意而誇大浮濫、恣意保證，那即使你坐在最後排的位置，遠遠就可以嗅到我油腔滑調的氣味。我絕不是一位為了成交就隨口承諾的業務，以前不是，現在不是，未來也不是。但只要作了承諾，就算賠錢，我也會做到！

你向客戶說過這樣的話嗎？

我會在期限內完成。

這個保證賺錢，絕對不會賠錢。

有空的話，我過去幫你牽車去保養廠。

我的電話二十四小時都不關機的。

買了這房子後，有任何問題都可以找我。

你曾經為了成交，向客戶許下任何承諾嗎？你所講過的話可能自己會忘記，但是客戶會永遠記得一清二楚，所以無論如何，都要兌現自己的承諾。

我習慣在即將成交時，反而盡量講得保守一點，因為我不能答應做不到的事，但是可以做超過答應的事。千萬不要為了成交，信口開河胡亂承諾，因為講出去的任何一句話，客戶都會用放大鏡來檢視，除非確定都能做到，否則一旦承諾，恐怕會賠上辛苦建立的銷售誠信。要成為頂尖業務，不太須要擔心能力問題，因為只要願意，能力絕對是可以培養的，但喪失了誠信，縱有能力都無法挽回，因此不管面對誰，建立誠信是首要之務。

幾年前很多保險業務為了銷售投資型保險，在簽約前告訴客戶：「保證獲利！」當我聽到保證獲利，心裡為他們捏了把冷汗，天底下哪有投資是保證獲利的？果然在二〇〇八年次級房貸風暴中，許多客戶慘賠，衍生金融糾紛及申訴評議案件，保險業務紛紛被客戶提告。業務為了一時的業績，最後連工作都不保，甚至賠上了多年的積蓄。所以承諾就在一念之間，成敗也在這一念之間，寧願不成交，也不要承諾之後卻做不到。

有些客戶在心態上為了證明花錢的是老大，常會提出一些無理的要求：

你現在便宜一點我就買。

不然你多送一些贈品。

你就多給幾次免費服務。

別人退那麼多傭金，你能退多少？

面對客戶的無理要求，我的習慣是做不到的事情老實講。一開始就堅守底線，並且堅持到底，千萬不可中途轉向，隨意改變原則。凡是做不到的事情，必須在第一時間就禮貌的回絕，不要陷入沉思之後才告訴客戶做不到，類似的沉思連一秒都是多餘的，這可能會傳遞給客戶一個錯誤訊息，覺得事情可以商量。在成交關頭的輕率承諾，即便隨口答應，客戶會就此當真，就算最後證明是客戶的錯，但客戶仍一廂情願的認定是業務的錯，終究於事無補了。

多年前我跟夥伴Tony講授陌生客戶開發技巧，臺中某大保險公司某單位的經理對我們非常熱情，因為他的熱情，我跟Tony認為，或許除了原本的課程之外，可以額外提供免費的服務。於是我們答應那位業務經理，會特別選在假日，為所有臺中地區的學員開設一次免費課程，實戰演練陌生客戶開發的技巧。我們發傳真到臺中地區的業務單位，指定時間及地點，通知學員前來聽課，因為這次是免費課程，所以發了傳真之後，不再一一電話通知。

結果上課當天，學員出席非常踴躍，唯獨某單位學員無一前來。雖然我們確認過所有傳真均已發送，但無法確知後續到底哪個環節出錯，導致這位經理認定我們沒發傳真通知。當時我們並不想花時間去多作爭辯，因為我們知道，有許多客戶跟這位經理一樣，就算明知道錯在自己，也不願意鬆口承認，事後我們花了很多時間解釋說明，但這位經理始終一口咬定是我們騙他。

最後我們學到一次經驗，不要因為一時的善意，而對客戶作任何超出範圍的承諾，就算是多做的、是免費的，一旦做得不好或不如預期時，遇上黑白不分的客戶是不會放過你的。萬一不幸遇上了該怎麼辦呢？勇敢的離開吧！如果你有開發陌生客戶的能力，就大方且坦然的選擇離開，經營這類型的客戶絕對是個夢魘。

所以在出發銷售之前，先幫自己釐清三點，也幫客戶設下底線：

我能做到什麼？

我不能做到什麼？

我願意多做什麼？

這三點必須讓客戶清清楚楚的知道，因為每一次完美的成交，是建立在雙方清楚的認知與信任的基礎之上。

※要說服的不是客戶，而是自己

身為消費者，你一定遇過這樣的業務，使盡全力想要說服你馬上作決定：「你現在買就對了！」此時業務對著你，臉上滿是虛假的笑容，卻根本掩飾不住內心的焦急與貪婪。

你認為銷售的過程是「說服」客戶購買嗎？當準備要開始說服客戶時，客戶的防禦天線就會升起，所有的積極說服都將徒勞無功。很不幸的是，大多數的業務都嘗試以說服的方式，希望客戶可以作決定。但是銷售不是這麼一回事，如果單純的只想說服客戶，客戶通常已準備好脫身之計，很快就會轉身離開，所以要說服的不是客戶，而是自己。

一樣的公司，一樣的產品，一樣的服務，為何有人做得好？有人就是做不好？業績不好到底是公司的問題？產品的問題？還是業務的問題？

成功的銷售其實很簡單，就是讓多數的客戶喜歡你。客戶在見面的前五分鐘，會對你產生一個基礎的印象，這是影響整個銷售過程和結果的關鍵，且通常不會有第二次機會，去改變或重新塑造這個非常重要的基礎印象。首先，客戶絕不會喜歡一位裝扮看起來不成功的業務，因為在初次見面的前幾分鐘，客戶根本來不及了解你，只能用外表來評斷你的專業程度。如果眼前出現一位兩光的業務，客戶很快便會失去興趣及信心，且會非常擔心購買之後，他可能成為你唯一的顧客。如果你讓自己看起來一副兩光的樣子，連自己這一關都說服不了，何況是素未謀面的客戶。

我聽過一個故事，有一位頂尖業務，一大早起床，趕緊梳妝打理，上髮膠、吹頭髮、穿西裝、打領帶，然後精神抖擻、站得直挺挺的打電話給客戶，講了幾分鐘，與客戶約定拜訪的時間後，脫了西裝、解了領帶、換上睡衣、睡回籠覺。太太問他剛剛在幹嘛？他說打電話給客戶。

太太說：「客戶又看不到你，你幹嘛穿西裝打領帶？」

他說：「不行！雖然客戶看不到我，可是我看得到我在幹什麼，如果我連這點都不懂得尊重，怎麼會贏得客戶的尊重呢？」

雖然故事的真實性有待商榷，但頂尖業務注重細節的精神是肯定的，雖然客戶看不到你，但是可以完全感受到你的態度。

當你渴望成功，希望事半功倍，得先把自己裝扮成一位「成功人士」的樣子，因為成功銷售的開端，就是從細節開始運作的。銷售之前先看看鏡子裡的自己，因為你是公司與客戶之間的橋樑，如果客戶不接受你，會接受公司的產品嗎？如果公司是一流的，產品是一流的，服務是一流的，價錢是一流的，但看著你卻不入流，肯定業績不會好。退一步說，至少讓自己看起來，要像一個好產品。

我非常在意客戶第一眼見到我的感覺，如同前面所說的，我沒有第二次機會去改變客戶的第一印象，而第一印象幾乎就決定客戶會不會成交，只要我接下來的表現正常，基本上都會帶著訂單離開。我留著一頭俐落的短髮，穿著修身的西裝，訂做的襯衫袖口繡著我的英文名字縮寫，搭配精緻的袖扣，高質感的領帶，一條好的皮帶，一雙跟得上潮流的尖頭皮鞋，當然我還會隨身帶著手帕，一只好錶和一個像樣的公事包。我盡量讓自己看起來勝算高一點，因為沒有任何一位客戶，希望跟一位看起來不成功的業務打交道。

我跟大多數人一樣，並非一開始就擁有一套好裝備，當初在臺中剛踏入業務領域，經理借我一件西裝外套，朋友送我一條領帶，我在臺中第一廣場買了一件西裝褲、二件白襯衫，這些是我全部的行頭。每當我去客戶家拜訪，總是滿身大汗，有一次客戶看我在大熱天還穿著西裝外套，額頭上不斷冒出斗大的汗珠，客戶跟我說如果太熱可以將西裝外套脫掉，我告訴客戶：「我得先尊重自己，才能獲得別人的尊重。」最後客戶實在忍不住去開了冷氣，當然我也順利的簽下訂單。雖然當時我的衣著是便宜的地攤貨，但是我的尊嚴不是地攤貨，也不會因為我便宜的穿著而打折扣。

有學員曾經問我：「Jackie，如果我們東西用得太好，準客戶會不會認為我們賺太多？」「我覺得有可能，不過最好就是讓客戶認為我們賺很多！」

偶爾有客戶玩笑式問我：「你東西用那麼好，一定賺很多喔？」

我會用很有信心的口吻回答：「是的！因為有很多像您一樣相信我的客戶，願意給我機會服務，我的業績才會那麼好，所以給我機會服務您好嗎？」業務必須為成功而穿著，為勝利而打扮。

銷售自己的重要關鍵是先說服自己，再為自己打氣加油！我喜歡用自我鼓勵的方式增進信心，客戶總喜歡充滿自信的業務，再加上我跟客戶講的話沒有半句虛假，胸懷坦蕩，自信便應運而生。客戶絕對不會相信一位連講話都畏畏縮縮的業務，因為業務的態度，決定了客戶的態度。

記得有一次參加為期三天的自我突破課程，當時我特地從香港飛回臺灣，帶著幾十位香港的業務同事，到桃園揚昇高爾夫球場一起受訓。其中有一堂課程，講師帶著我們上百位學員到戶外，從教室一路走向訓練場地，遠遠便望見一位阿伯用木炭在升火，我們七嘴八舌的談論著：「真讚！可能晚上要來場戶外烤肉了。」

當我們到達訓練現場，所有人都嚇呆了，難以相信眼前所見的景象。有幾位工作人員，不斷將火紅的木炭運送過來，將木炭敲碎了鋪在地上，形成每條約十五公尺的「天堂路」，地上的木炭還隱隱閃耀著藍藍的火焰。原來真的要烤肉，這回是烤人肉！課程的目標是要我們赤腳走過鋪滿火紅木炭的天堂路。當時心想，我們不會變魔術，也不曾參加廟會過火，這怎麼可能辦到呢？

全部人就定位後，我們開始被激勵，由於一整個早上已不斷被激勵，現在情緒非常亢奮高昂，我們學員之間也相互激勵。此時已經開始排隊，一個個打赤腳準備上陣，臨陣時刻再自我激勵一番，不斷告訴自己一定可以做得到。我排在隊伍前面，很快就會輪到我了，我內心對著自己吶喊：「我一定可以！」

我覺得我準備好了，勇敢的踏出第一步，接著第二步，每一步都結結實實踏在高溫的木炭上，我已經數不清到底踏了多少步，眼中只有目標，而且離目標越來越近了。我結束了最後一步，雙腳站在柔軟的草地上，我興奮的使盡全力向上躍起，大喊著：「我做到了！」周圍響起了熱烈的掌聲。

我此刻發現，當非常相信自己的時候，就會變成超人，能夠克服恐懼、超越極限。唯有將自己銷售給自己時，才有辦法將自己銷售出去。當我鼓起勇氣順利走過天堂路，這才看看雙腳居然毫髮無傷，原來自己什麼都能做到，不需要任何的理由，就只是相信自己！

※展現專業

一直以來，我不太喜歡在銷售的過程中，作太多產品解說，因為我不想變成一位產品解說員，而且客戶購買的動機，不光只是產品優勢，還有其他潛在動機。因此在產品解說上著墨過多，導致客戶只接收到產品訊息，自然會浮現產品比較的想法。言下之意，並不是說別花時間在產品上，而是講不講產品，跟懂不懂產品是兩回事，必須對所銷售的產品，以及競爭對手的產品，皆如數家珍，並準備好回答客戶提出的任何問題，千萬不可支吾其辭。

如果你是專櫃、零售、房仲、汽車業務……，在沒有客戶光臨的時段，都在做什麼呢？如果沒約到客戶，而現在也不是打電話約訪的時間，你會做什麼呢？別把時間花在打屁聊天，頂尖業務絕不做這種事，或許他們看來高傲自負、難以接近，那是因為頂尖業務不會浪費時間在沒有效益的事情上。

如果你是業務新手，千萬別背熟全部的產品內容，才開始出門銷售。因為業務永遠在跟時間賽跑，成功的銷售不是背誦產品型錄，若要成為頂尖業務，應該先花時間搞懂如何「賣」，然後再一步步加強產品的知識，剩下的就去向客戶學習。可以在銷售之前跟客戶說實話：「很抱歉，我剛來公司只有幾個月，如果有些您的問題我還不是很清楚，給我機會幫您查詢之後再作回覆，好不好？」別害怕說實話，許多客戶喜歡給新人機會，也願意幫助新人成功。所以一開始就跟客戶坦白，除了可讓客戶放下戒心，也可讓自己表現得更自然。

我喜歡錶，在香港時，每二個月出刊的《名錶論壇》是我必讀的雜誌，而且會購買手錶來犒賞自己，因為常跑固定的錶店，而熟識銅鑼灣時代廣場的名錶營業員阿強。經過阿強的錶店，如果阿強沒有在招呼顧客，就會坐在離門口最近的展示櫃後方，總是低著頭，聚精會神的看著什麼似的。有次我忍不住好奇心的驅使，走進店裡跟他打招呼，想知道他到底在看什麼，這才發現他手上拿著鐘錶雜誌在猛讀，更令人驚訝的是在他的座位後面，還堆著厚厚一疊鐘錶雜誌。我恍然大悟，怪不得每次跟阿強聊到某一只錶時，他可以脫口講出錶的型號、價位、功能，又不加思索的談起這只錶的特別之處，還有機芯等等。

你是不是也和阿強一樣？每當客戶提出問題，下一秒就能應對如流，回應的速度越快，客戶認定的可信度就越高。所以什麼是專業？不加思索立刻回答客戶的問題就是專業。現在就花時間想一想，每次銷售面對客戶時，大部分的客戶會問哪些相同的問題？針對這些問題，必須準備好答案。因為這是業務賴以為生的事業，也是業務展現專業的戰場。

你認真展現專業後，大部分客戶會被你堅定、反應迅速的態度說服，但有些客戶的期望不僅止於此，他們的眼神和表情會提供暗示，他們需要更多的佐證資料：「請拿出證明給我看，你剛剛所說的都是真的。」此時客戶內心在想什麼？

你講了那麼多，有沒有可以給我參考的客戶見證？

你想要我買單？還得要證明給我看，我不是唯一的買家。

當你接收到客戶的暗示訊息時，必須迅速作出反應，主動滿足客戶內心的期望，這就是展示過往「戰利品」的最佳時刻。第一個最有力的證明，是自己正在使用口中所說的「最佳產品」，讓自己成為所銷售產品的最佳代言人。

如果你在賣保險，最好的見證是自己購買的保單。
如果你在賣車，最好的見證是你開著自家品牌的車。
如果你在賣房子，最好的見證是你幫客戶搬家後，一起合照的照片。

想好如何籌備你的見證了嗎？馬上著手去做！讓客戶知道你講的都是真的，而且深信不疑。

除此之外，還有一點要特別注意，無論產品再有特色，肯定會遇上想要比較產品的客戶。先假設客戶真心想要比較，這是明確的購買訊號，有一則天條必須切記，就是千萬別在客戶面前，貶低競爭對手與產品，那會使你的專業蕩然無存。一位真正的頂尖業務，絕不會在客戶面前貶低競爭對手，更不會在跳槽之後批評老東家。

我在香港當業務經理時，只有二十四歲，年輕氣盛又稍有成就，雖然身為業務經理，但在處理某些事情上還是顯得幼稚。我與另一位較資淺的業務經理互看不順眼，之後演變成敵人，我們在同一個市場裡互相競爭、互相詆謗、互相扯後腿。雖然這種惡性關係，最終並未對我造成損害，但當我日後學習更多、成長更多時，才深刻感觸到，我在貶低對手同時也在貶低自己，批評別人就像小孩子耍賴在地上打滾一樣，姿態極為醜陋。業務工作已經夠忙夠累了，根本不再需要敵人，因為自己就是自己最大的敵人，戰勝自己尚且不及了，何來閒功夫再去樹敵呢？萬一競爭對手是一群惹人厭的無賴，又該如何自處呢？切記貶低對手同時也在貶低自己，只要聚焦在將自己變得更好，剩下的就交給上天吧！

盡情展現業務應有的專業，克盡本分，並學會尊重競爭對手，最終會贏得競爭對手的尊敬，也會贏得客戶的尊敬。

Evan Wu

美商人壽保險業務經理

踏入保險業之前，我在出版社擔任編輯的職務。十二年的工作經驗，讓我在職場上得心應手，充滿自信。在決定轉換職涯跑道時，雖然沒有外勤銷售的經驗，但我一心認為，別人可以，我也一樣可以做得很好。然而事實和想像之間總有落差，從業四年下來成績平平，壓力與日俱增。中年轉業沒有退路，唯一的方法只能力求突破困境，於是我看銷售的書，上銷售的課，但情況並未獲得改善。

直到上了Jackie老師的課，對於「銷售」這件事，才有更深一層的體悟。和客戶對談之間，要多詢問傾聽，關心客戶的需求和想法是首要之務，滔滔不絕的推銷話術，並非成交的特效藥。面對不同類型、性格的客戶，銷售策略要有彈性，且要隨著當下情境，及時調整。在課堂上，我學到諸多銷售的重要觀念和技巧。

更重要的是，Jackie老師發現我的銷售問題所在——因為我「人太好」。我從不認為個性溫和、人際關係良好，竟是阻礙。老師進一步說明，人好是優點，同時也是缺點，客戶願意和我見面，但內心會質疑我掌握關鍵、解決問題的能力。所以要從改變說話習慣開始，訓練自己應答精簡、切中核心。尤其是客戶的反對問題，用三句話說明清楚、解除疑慮。

邁入保險銷售第五年，我的成績大幅進步，一年內連續達成晉升襄理和經理的資格，同時完成年度競賽目標。回想這一年，感謝客戶的肯定與信任，更感謝Jackie老師。改變就在潛移默化中，從我遇見Jackie老師的那一天開始。

Chapter 3.

贏家的習慣

業績怎麼來？

擁有正確的態度，比學習任何銷售技巧來得重要，也更容易成為頂尖業務。因為外在的狀態，是由現階段的內在思維所建構形成的，「你認為你是什麼，你就會成為什麼！」這是非常微妙的定律。強調擁有正確的態度，並非刻意忽視技巧的重要性，學習銷售技巧固然重要，但是沒有調整好態度，結果就會像一個沒有靈魂的軀殼，在耍弄一些小把戲，那稱不上是銷售技巧。

許多業務殫心竭慮在學習終極必殺話術，好像客戶只要聽完一席話術之後，就會中邪似的把錢交出來。我認為這是旁門左道的方法，光學會這些捷徑，只能讓業務事業曇花一現，然後一輩子將自己困在不入流的業務階層裡。

成為頂尖業務，需要時間修練、歷練與淬鍊，學習是修練，付諸行動是歷練，遭逢挫折倒地再爬起，是一次解構再重組的淬鍊。從自我認知、自我肯定開始，不斷強化內在精神的底蘊。這需要多久時間呢?想聽實話嗎?這得用盡一輩子的時間去學習砥礪。

※成就來自於每個月的第一個星期

一大早鬧鐘響起，恨不得再貪睡五分鐘，但再賴床就要遲到了，於是睡眼惺忪的盥洗、著衣，急急忙忙拎著公事包出門，可能在你騎上摩托車，穿梭在車水馬龍的車陣裡，頭還暈暈的呈現半睡眠狀態。

到了公司樓下，天啊!好停的車位都被佔滿了，好不容易找到一個勉強可以將摩托車硬「喬」進去的位子，還得使勁將兩旁的摩托車移往旁邊一點，你弓著身子，都快扶不到摩托車把手了，終於將車子塞了進去。你急步前去每天都要光顧的早餐店，叫了一份連續吃了兩年的早餐，然後在大廳排隊等電梯上樓，進到辦公室時，你的頭還是暈暈的呈現半睡眠狀態。

你將公事包往座位一扔，左手提早餐、右手拿iPad、腋下夾著筆記本，就一股勁兒衝進會議室去了，你邊開會邊吃早餐，只覺耳膜嗡嗡作響，直到會議結束，才慢慢從恍惚中甦醒過來。

你在辦公室來回穿梭，跟同事聊天，增進彼此的感情與互動，你還細心的發現有很多同事需要關心，有必要多跟他們聊一聊。聊了一陣子，你想起有些事情要辦，於是回到座位上，開始處理文書資料，打開手機還有一堆Line和Facebook要回覆。忙了一陣子，同事問你要不要訂便當？那是一張每天都在看的單子，但你還是仔細的看過一遍，並慎重其事的選擇了排骨便當。

很快到了吃中餐的時間，你已經忙了一整個上午，開會、跟同事互動、處理文書資料、回覆訊息等，今天做了很多事情。吃完排骨便當，因為心情實在不是很美麗，所以約了同事喝咖啡，聊聊最近景氣真差，見了幾位客戶都沒有成交，又聊起有幾個同事的行徑真的很奇怪，公司最近的政策簡直讓人摸不著邊際。話匣子一開就聊到下午二點了，於是一行人散步踱回辦公室，不斷的批評讓你們同事之間的友誼更穩固了，心情也找到了宣洩的出口，這杯咖啡喝得太有意義了。

你很認真的展開下午的工作，繼續處理文書資料，然後想起有幾位客戶應該打電話過去問問，到底考慮得如何？有決定要買了嗎？你拿起客戶的資料，盤算著等等打過去要如何開口，想了又想，心裡開始擔心，要是被客戶拒絕該怎麼辦呢？之前的努力都要付之一炬了。你的內心天人交戰，但還是硬著頭皮打過去，電話響了很久，客戶沒有接，於是你掛掉電話，煎熬了十分鐘再打第二次，響了很久還是沒人接，你迅速將電話掛上，心中那塊大石頭終於放下了。此時你作出一個正確且合理的結論，並非自己不積極追蹤，而是客戶沒有接電話，等到客戶看到二通未接來電，一定會主動回電的。你為了等客戶回電，特別留意電話的動靜，中間撥個小空檔跟同事聊聊，分享客戶不接電話、不回電的劣行，然後再繼續處理文書資料。

到了期待已久的下班時刻，今天特別高興，因為晚上要跟一群同事去吃飯唱歌。這樣的重要活動絕對不能缺席，因為同事之間的感情，是需要花時間去經營培養的。

晚上十點，你拖著疲憊的身軀，滿身酒氣的回到家，今天實在太累了，明天一大早又要開早會，於是你趕緊洗了澡，希望能夠早點睡，因為明天真的要開始要認真拼了！當你躺在床上，很自然的又打開手機，將今天的活動照片上傳Facebook，然後按一些讚。時間很快又過去了，你看一下牆上的時鐘已是午夜十二點，你覺得真的該睡了！

上述是一個業務員的一天，絕對不誇張，而且這樣的業務員所在多有，因為我親眼見到許多業務員就是這樣度過一天的。剛剛講的事情，有多少是你曾經做過或正在做的？你覺得這樣會成功嗎？

在確認想達成的目標之前，成功需要學會可以成功的方法，但是得先改掉會導致失敗的原因，然後把時間花在有效益的事情上。每天提早一個小時起床，前一天晚上預先準備好早餐，最好早餐就在家裡完成，氣氛輕鬆而愉快。我喜歡在家裡吃完早餐，喝完咖啡，看完財經新聞後才出門。

提早二十分鐘到公司，相信我，只是區區提早二十分鐘，會讓你很快找到停車位，而且已吃完早餐，不必跟著去排隊買早餐，當然搭電梯也不用排隊。迅速到座位上，將行程表拿出來作一次確認，再檢查早會的文件資料是否備齊了。

開會時請專心開會，如果經理每天都在講些言不及義的話，你的情緒別被他的無能所影響，反而可以利用這段時間好好閱讀和學習。每天的第一位客戶應該安排在開完會之後，迅速的去見客戶。開完會後有二種狀況，一是去見客戶，或許今天沒有排到客戶，那就應該趕快約客戶，若你想要飛黃騰達，必須更懂得時間管理。

早上十二點之前，是業務一天之中最寶貴的時間，千萬不要浪費，必須安排「最重要且最難的工作」，頂尖業務會將最寶貴的時間，用在增加收入，就是銷售、約訪和學習，這是三件最有價值的事情，而太過頻繁、冗長的會議，結果只是浪費寶貴的時間。

常常有學員問我：「老師，我該如何在業績截止前幾天作最後衝刺？」各位！衝業績為什麼要留在最後幾天？別搞錯了，衝業績跟吃雞腿便當不一樣，別把雞腿留在最後才吃！

我的業績之所以長紅的祕密，就在每個月的第一個星期，完成這個月所設定的一半業績，然後在接下來的每個星期一都成交客戶。

我們都知道，業務每個月會結算一次業績，然後緊接著下個月又開始了。請不要在結算業績後，花太多時間慶祝上一個月的業績，尤其當其他同事還沉浸在昨日的歡樂心情，你要讓自己像一隻飢餓無比的狼，在每個星期開始的第一天，用優雅的身段完美的捕殺獵物，展開屬於你的美好星期一。

所以別人總是 Blue Monday，對於已經準備好的你則是 Happy Monday，因為每個星期一，都是成交客戶的日子。是的！不管是第幾個月、第幾個星期，星期一永遠要成交客戶，這會讓你每個星期的開始都充滿著鬥志。如果花太多時間讓自己放假、放鬆、慶祝，那在新的一個月開始時，就得用掉一個星期的時間將自己的螺絲鎖緊，到第二個星期才可能開始有業績。所以應該趁所有人都還在慶祝時，已經穩穩的在第一個星期，完成一個月一半的業績了。

頂尖業務每個月的行事曆，是這樣安排的：

第一個星期——這是戒嚴的一個星期。用盡全力完成本月目標一半的業績，除此之外，任何事情都別做，這個星期你是一個嚴守紀律的修行者，生活作息一切按照規劃執行，而且非常嚴格。提早上班，瘋狂的見客戶，瘋狂的約客戶，把見客戶的行程塞滿，並且保持規律的運動，準時上床睡覺。這個星期要展現頂尖業務的氣勢，行事曆中只有客戶，沒有家人、沒有朋友、更沒有同事。

第二個星期——請做一個說到做到的人。如果在第一個星期如期達成月目標的一半，你將獲准參加一些同事的歡樂活動，如果尚未達成月目標的一半，必須自請處分。業務看待自己的業績達成率，不能只有獎賞而沒有處罰，自己訂定處罰的方式，當然以不違背善良風俗、不妨礙生命財產安全為原則。注意！當第二個星期結束時，至少要完成目標業績的四分之三，剩下的四分之一業績，就可以從容的在後續二個星期完成。

第三個星期——給自己三天的連假。沒有人可以一直處在高壓的工作環境之下而不精神錯亂的，所以必須放假，給自己學習、放空和思考的空間。但如果你和其他同事一樣，工作效率不彰且照常週休二日，業績目標無法達成時，就喪失放三天連假的資格。切記在放三天連假前完成所設定的業績目標，並在放假的前一天再去簽一位客戶，可以更加高枕無憂的享受假期。這個星期在放假之餘，還是得見客戶，做售後服務、培養準客戶的事情，不過此刻心情是輕鬆而愉快的。

第四個星期——為下個月的第一個星期作準備。當大家手忙腳亂、精神緊張的追趕著業績時，你大可好整以暇的拜訪一些客戶做服務、聯絡感情，然後將下個月第一個星期的客戶約滿。頂尖業務永遠在做下一個星期的事，而不是在做眼前的事，因為眼前的事早已安排妥當並提早達成了！

每個星期的業務行程，可以參考這樣的安排：

	Mon	Tue	Wed	Thu	Fri
10:00~12:00	見客戶	約訪	見客戶	約訪	約訪
12:00~14:00					
14:00~17:00	見客戶	見客戶	約訪	見客戶	見客戶
17:00~19:00					
19:00~22:00	見客戶	約訪	見客戶	約訪	

額外的重要提醒，如果你是一位單純的業務，安排見客戶是每天最重要的工作，但不是安排今天的客戶，而是下個星期的客戶，換言之，每天都在做七天之後的事情。

如果你是業務經理，還是得走出去銷售，因為一個不懂做「好士兵」的業務經理，絕對無法做一個「好將軍」。

如果你是單位主管，還是得安排見客戶，最好的管理和激勵，就是出去簽一張單給下屬看，講自己有多厲害，不如出去簽一張比較快。而且你只能用更少的時間來約訪和簽單，因為你是主管，當然要表現得更厲害，一個只會動嘴巴的主管，別期望能獲得下屬發自內心的尊重。

如果你是帶領超過一百位業務的單位主管，還是得花五分之一的時間見客戶，「我已經是個大經理了，還要去見客戶銷售嗎？」我會斬釘截鐵的告訴你：「是的！」因為銷售是「我做給你看」的行業，主管要用行動證明給業務看，我還站在市場的浪頭上，景氣沒有你說得那麼糟，客戶也不是你形容得那麼刁鑽。

※演練的重要

在我到香港的第一年，有天老闆突然心血來潮，想要舉辦海外挑戰的訓練，只開放給高階經理報名。老闆的構想是每年找一個地點挑戰，而他選定的第一個挑戰地點，是馬來西亞沙巴的神山，神山海拔四〇九五公尺，是東南亞第一高峰，以此作為每年海外挑戰的開端，確實當之無愧。

當我收到總公司的報名通知，第一時間並沒有付諸行動，因為我認為香港公司才剛成立，不能放下整個業務團隊跑去參加訓練，而實際上是我把自己看得太重要了。幾天後，我接到老闆的電話，老闆說得直白：「Jackie，你得參加這次挑戰訓練，因為你是公司的主管，必須做給下屬看，你是一個說到做到，勇於接受挑戰，並能戰勝挑戰的業務主管。」當天我覺得我是被強迫而報名的，但自從這次之後，每年的挑戰訓練我從未缺席。

老闆要掛電話前，給我最後的忠告：「Jackie，這座山不容易攻頂，有很長一段山路要爬，非常耗費體力。最好等等掛電話之後，馬上去健身房報名，利用這半年的時間，好好的鍛練體力。」老闆為了確認我有認真在鍛鍊，在出發前兩個月，安排了一次大嶼山的小登山健行，他特地從臺灣飛過來，跟我們一起參與這趟只需要半天就能完成的行程。

當我踏上神山的攻頂之路，才發現自己太掉以輕心，平常的練習根本無法勝任，對於從來沒有爬過大山的我來說，攀登神山那幾天，完全是以意志力支撐。我爬上無數個接近九十度的木梯，翻越無數個岩壁和陡坡，手腳並用、使盡全力，一路上看著自然生態和景物的變化，從一開始的熱帶雨林，到高海拔的寒風刺骨，其間的劇烈變化，嚴酷考驗著體力與意志力。就在攻頂前一天，必須在預定時間內通過七個休息站，趕在天黑之前到達攻頂小屋，晚上七點就寢，隔天凌晨兩點就出發攻頂。還好，登山是只需要體力的運動，我咬著牙撐過去，或許就有機會到達頂峰，但是當你在客戶面前表現得不夠熟練時，就連百分之一勝算的機會都沒有！

雖然登山跟銷售沒有直接的關聯，但我還是非常興奮的領到一張登頂證書。在我後來的業務生涯裡，才發現登山跟業務銷售，其實沒有兩樣：

目標：挑戰神山，目標非常明確。

練習：為了攻頂，持續練習、練習、再練習。

堅持：雖然越來越困難，但還是不停的向前行。

業務是盯著目標前進的，失去了目標，等於失去前進的方向，有明確的目標，成功的方向才會清晰可見。不斷的練習是讓自己具備達成目標的能力，進而挑戰更高的目標，能力到哪裡，成就就到哪裡。但在過程中一定會遭遇失敗、沮喪和困難，即使是頂尖業務也無法倖免，唯有堅持不放棄，才能度過困難和低潮。

你知道嗎？業務是孤獨的行業，大多數時間都在孤獨中度過。你得自己開發客戶、自己約客戶、自己拜訪客戶，而且必須清楚的知道，在任何狀況下沒有人可以幫得了你，除了你自己。

我在剛進公司的第一天，從經理給我的五十個舊名單裡，成交了第一位客戶，之後又陸陸續續成交了好幾位客戶，其中一位住在臺中太平的客戶，讓我學會了寶貴且重要的一課。在我的業務生涯裡，這是第一位成交之後又說要退單的客戶，當我還是新人的時候，這件事情對我造成很大的打擊。

因為當時沒有手機，所以客戶無法直接告知我要退訂，而是在公司打電話給客戶要約送貨時說的，我在當天下午回到辦公室時，內勤同事給我看來自總公司的客戶退訂傳真通知，我才得知這個惡耗！當下我立刻打電話給客戶，原本心急想問個究竟，客戶為什麼要退訂？不是說好要買的嗎？但在客戶接聽電話時，我突然改變了主意，並沒有在電話裡「興師問罪」，而是用「去客戶家處理退訂」為藉口，跟客戶約時間家訪，因為我靈光一閃，想起我還有一個救兵，就是上班第一天認識的Jerry。

面對客戶，大多數的業務都只做好一半的準備，在這次的退單經歷中，就是我的最佳寫照！當我請Jerry再次伸出援手，希望他幫我一起去說服要退單的客戶時，Jerry講了一段讓我清醒的話：「Jackie，我可以陪你去，但你必須學會自己就可以搞定，因為這些所有客戶的狀況，平常就要不斷的練習再練習，在辦公室練好，而不是在發生事情後找人幫忙！」

原以為我擁有熱情、我擁有衝勁、我工作努力、我不畏挫折……，我就可以成功，但我卻忘了學習獨當一面，而這必須透過不斷的練習，還好當時Jerry跟我說實話，才讓我澈底的改變。現在我也要告訴你實話，銷售技巧必須透過不斷的練習，練習再練習，直到完全熟練為止，然後再進行下一階段的練習，沒有終止。

重複練習是每天的重要工作，到底要演練多少次呢？每句話術至少練習三百次，直到完全內化。我們所熟知的明星運動員，哪一個不是每天勤練基本功呢？學習銷售和明星運動員一樣，千萬身價背後所代表的意義，是因為他們的基本功比別人都紮實，基本功紮實才能學會進階的技巧，而且還必須不斷的回頭重複練習基本功。

現在，為了迎接成功，你準備要練習多久？正確的演練方法是先準備一面大鏡子及一臺錄音機，將話術寫好，找個沒人打擾的地方，找一位志同道合的同事一起練，演練時要當真，不可態度輕率、漫不經心。

這樣練習的好處是透過鏡子和錄音機，讓自己的表情和說話的語調，沉穩、自信而愉悅，在客戶面前呈現最好的狀態。將話術寫下來，可以確保每次練習所講的話，都是精準而正確的，重複練習直到完全內化成為反射動作為止。找同事一起練習，可以互相督促、互相鼓勵，並獲得回饋意見，增進練習的成效。更重要的是練習時態度要認真，模擬真實的情況，即使過程中有錯誤仍不可停止，錯誤也是練習的一部分，培養危機處理的能力，因為在客戶面前發生錯誤，是不能喊暫停的。

若想掌控全局，就得花時間練習，越熟練，反應的速度就越快，反應速度越快，成功的機會也就越大。

※開發客戶的能力

為什麼要做陌生開發？因為陌生人絕對比你認識的人還要多，就像一間設備先進的工廠，一旦缺乏原料，產線停擺，再也製造不出任何產品。曾聽業務說過：「我根本不用學習陌生開發，公司會提供客戶名單！」事實上，業務有這種觀念或想法，根本就是將自己推向懸崖絕境，註定要失敗。名單是業務的命脈，而陌生開發的技巧，就是維繫命脈的維他命。業務一定要學會客戶開發，並確實每天執行，能夠超越這道關卡，才有機會邁向頂尖，才有機會「收入無上限」。

現今個資保護意識高漲，各式詐騙集團橫行，做陌生開發會成功嗎？對方會不會當我是詐騙？談到陌生開發，你心裡有這樣的疑惑嗎？當你還在猶豫困惑時，我依然靠著陌生開發的能力，持續在拓展業務，而我所認識的頂尖業務也是如此。熟練陌生開發的能力，是我在香港業績得以大放異彩的基礎，陌生開發，絕對比你想像得更重要且容易。

陌生開發的方式有很多，簡單舉幾個現在就可以開始的方法，包括轉介、問卷、掃街、電話約訪、商場佈點等。應該從哪裡開始呢？說實話要從問卷、掃街開始，這是所有業務最不想做的，卻是陌生開發的基本功，不論是想在商場裡輕鬆佈點，或是想在辦公室裡愜意的打電話，其源頭都來自於問卷及掃街的能力。就像要成為獨當一面的大廚之前，得先從切菜開始做起，如果你是業務新鮮人，我強烈建議從根扎起！

問卷、掃街——主要在強化自己的基本功，練習膽量。

電話約訪、商場佈點——如果基本功扎實，勝算會更高。

轉介——最簡單、最容易的方法，只要每次見客戶確實執行，要求轉介。

先來談談最簡單的「轉介」市場，請客戶轉介是最容易成功開拓新客源的方式，唯一要做的就是「隨時問、養成習慣問」！頂尖業務會讓自己隨時處在待機狀態，只要有適合的機會，例如跟客戶聊天時，注意聽聽客戶是否提到「新的名字」，當下即可要求轉介紹。當獲得轉介紹後，必須在接觸被轉介客戶的十二小時內，回報並感謝推薦給你的客戶。所以只要養成習慣問，每次都問：「有沒有像你一樣可能有需要的朋友，可以介紹給我嗎？」記得每位客戶都要開口要求，不論客戶有沒有成交。

無論選擇哪一種陌生開發的方式，都必先具備三種正確的態度，然後將六項應對的要素整合在話術裡，能做到這些，就可以大幅提升陌生開發的成功機率。

三種正確的態度是：

第一是認知。認知什麼呢？任何行業的業務，都須學會開發客戶的技巧，因為沒有任何一位頂尖業務，會認為自己的客戶已經夠多了。當有了清楚的認知之後，才會自動自發的持續陌生開發。

第二是膽量。什麼樣的膽量呢？一種明知道將會遇到非常多的拒絕，但仍無所畏懼的持續重複去執行。開發客戶這個動作，既然已知道最壞的狀況就是被拒絕而已，那就提起勇氣去做吧！

第三是從中找到樂趣。讓陌生開發變得好玩、變成遊戲，可以讓自己持續做下去的遊戲，無論喜不喜歡陌生開發，這是成為頂尖業務必備的環節。

六項應對的要素是：

一、開場白的氣勢。話術越精簡越好，重點在詮釋話術的氣勢，不要像個畏縮的小偷，千萬不可用「抱歉，打擾一下」作為開端，這句話會讓自己變得卑微。

二、在一開始就報出公司名稱和姓名。幫自己設計一個簡單且好記的稱呼，然後快速表明來意，如果接觸的是轉介紹的客戶，必須在第一時間就讓對方知道是誰介紹的。

三、引起客戶的興趣。將產品最容易引起客戶興趣的部分，設計成簡短的話術，當客戶有興趣想再多了解時，讓客戶知道必須約時間見面講解會比較清楚。

四、客戶詢問價錢時，快速的報價。如果唯唯諾諾不敢報價，那就表示心虛有鬼，如果是高單價的產品，可以事先將價錢縮小化，例如一個月只要三千元。報價也是過濾客戶最好的方法之一，如此可以輕鬆的在電話上就先過濾客戶。

五、開發最終的目的是約訪。另外和客戶約定時間，取得見面銷售的機會，就是如此簡單而已，開發客戶不是馬上要賣產品，千萬別在室外、電話上、餐桌上談論太多產品的訊息。

六、在結束時，請再次確認約定的時間和地點。要求電話另一端的客戶，拿起筆和記事簿，將約定的時間和地點寫下來。

我在新人的第三天，就將經理給我的名單全部過濾一次了，雖然有約到幾位見面的客戶，但我已意識到，如果無法找到更多名單，或者開拓更多客戶，我的業務生涯將岌岌可危。因為要有穩定的業績產出，就必須要有穩定約見客戶的方法，有見面才有機會產生業績。

我選擇臺中美術館作為陌生開發的起點，我穿著西裝，手裡拿著問卷卡，頂著大太陽，鼓起勇氣走向第一位客戶，對方微笑的拒絕，第二位客戶，對方根本不理我，第三位客戶好像看到鬼一樣逃跑了。此時我領悟了一件事，原來我做陌生開發根本不必害怕，因為客戶比我更害怕，太好了！當我發現這個祕密之後，更加放膽去開發了，說也奇怪，我越積極面對恐懼，原本困難的事情就神奇的變簡單了！

那一天，我嘗試了無數的客戶，大多數都沒有成功，但也約到了七位願意家訪的客戶，事實上我只花半天的時間，就產出七位有機會購買的準客戶。透過這次經驗，我有一個好消息要告訴你，就是縱使陌生開發的技巧非常生疏，**只要有勇氣走出去，只要願意拿起電話，最少會有十分之一的成功機會。**

記住！船得離開碼頭，才能補到魚。

持續的進化

卡內基曾說：「人生就像迴力鏢，你丟出去的是什麼，就得到什麼。」如果想成為頂尖業務，就得先成為友善的人；希望客戶怎麼對待你，就得先怎麼對待他人。這不是一則必須遵守的規則或法條，但人際之間有股神祕的引力，你對待他人的態度，最終會回到自己身上。

世界上不是只有你一個業務，不是只有你在追求頂尖，各行各業的業務亦然，況且接受他人的推銷，自己還能從中學習，所以在面對他人的推銷時，千萬別擺出不耐煩的臭臉。

頂尖業務絕不會故步自封，即使不購買，也會欣然張開雙手、敞開心胸，歡迎別人對自己銷售。己所不欲，勿施於人，世界就是這樣運轉的！

※自我反省的習慣

大家都聽過溫水煮青蛙的故事，關鍵在於你是青蛙？還是溫水呢？如果沒有養成每天自我反省的習慣，你就是青蛙，等到發覺水溫滾燙時才想改變，只能坐以待斃，早已無力挽回了。希望每位業務都是溫水，不用等公司召開檢討會議，透過每天主動的自我反省，檢討改進，調整腳步，讓自己的事業不斷的加溫。在開始時需要耗費較多的心力，養成自我反省的習慣，但等到習慣養成，水滾了之後，接下來只要稍微用心維持，就能常保在水滾的狀態。

只有極少數的業務會認為，客戶之所以沒有成交，全是因為自己犯了一些錯誤，而大多數的業務總是在說，沒有成交是因為遇上爛客戶。失敗的業務喜歡歸咎他人、檢討他人，總是抱怨公司規模太小、產品不具競爭力、客戶觀念太差……。其實你知道嗎？客戶不回電話或避不見面，用價格作為拒絕的藉口，然後轉向競爭對手或其他業務購買，這一切都是誰的錯？不要東張西望！這一切都是你的錯，與他人無關。因為客戶心裡非常清楚，業務登門拜訪就是要銷售，但你卻空手而回，一無所獲，為什麼客戶知道你要來賣產品，而你卻賣不出去？所以歸根究柢，業績不好的最大敵人是自己，如果總是習慣性的將錯誤怪罪於人，將永遠喪失進步和成長的機會。

常聽學員問說：「我現在遇到瓶頸了，該如何突破呢？」業務會問這個問題，跟年資長短、業績好壞沒有關係，事實上，不管再努力、再優秀，依然會遭遇瓶頸。在業務生涯裡，瓶頸總會在某時某地出現，試圖要擊垮你，令你一蹶不振，所以重點不是何時會遇到瓶頸，而是面對瓶頸時，需要多少時間去突破。回到根源，瓶頸是如何形成的呢？是因為你將每天發生的小問題，沒有解決就帶著一起睡覺，所以今日的小問題，會變成明日的大問題，日積月累，積少成多，最終形成無法突破的瓶頸。

我在二十四歲成為全公司最年輕的業務經理，並在香港創造優異的銷售成績，雖然我們是一家全傭金無底薪的公司，但我應徵到許多優秀的業務，令我相當自傲，而且每次競賽都贏得業務經理組的第一名。事業上的成功，讓我開始覺得自滿、自大並狂妄，組織的管理一切「我說了算」，雖然組織並沒有因為我的跋扈態度而產生大問題，但我卻隱約感受到問題正在醞釀。在一次進修課程結束之後，偌大的辦公室裡，我想著在香港這段奮力拼搏的日子，想著我帶領的這群有夢想、有衝勁的年輕人，我領悟到這一切得來不易，且我的責任重大，我必須習慣自我反省，必須在所有問題還未累積成炸彈之前，透過自我反省去改變。因此我告訴我的業務團隊：「如果你們可以在便利貼上寫下我的缺點，或是覺得我有須要改變的地方，只要不是惡意批評，可以直接貼在我辦公室的門上，不須要記名，當然你願意寫上名字，我會很樂意請你吃飯。」要赤裸裸面對自己的問題，需要很大勇氣，此舉並沒有讓我失去尊嚴及領導力，反而得到更多的尊敬，而且可以防範未然，提早解決未來可能發生的問題。如果想成為頂尖業務，要養成反省的習慣，這是每天必備的功課，每天自我反省，就是頂尖業務一旦遭遇瓶頸，都可以全身而退，甚至更上一層樓的祕密。

你是否曾經試過，在客戶家講了幾個小時，最終卻沒有成交，帶著沮喪的心情離開客戶家門，走不到三分鐘的路程，腦中開始懊惱的想著：「早知道，我就如何如何……。」在香港有句話是這麼說：「有早知，就冇黑衣！」意思是早知道，就沒有乞丐了！業務花了非常多時間學習公司的產品，學習銷售技巧，學習反對意見處理，但是否花相對的時間來「自我反省」呢？如果不是透過每天自我反省的過程，如何知道自己到底哪裡做對了，又或者哪裡做錯了。當被客戶拒絕時，難免沮喪、不滿、抱怨、退縮……，此刻要提醒自己「不遷怒，不二過」，與其指責客戶，不如靜心回想，剛剛講了什麼話，做了什麼事，有哪幾句話不夠得體，或者回答得不夠好，同樣的錯誤下次絕不再犯。

現在就可以開始嘗試做做看，首先拿出一張紙，在中間畫一條線，左邊先寫下自己今天做得很棒的地方，然後在右邊寫下今天覺得需要改進的錯誤，在優點及缺點各選出最重要的三個項目，寫在便利貼上並貼在記事本裡，讓自己隨時看到，這個做法可以：

了解自己的優點，將其放大，

了解自己的缺點，尋求改變。

為了幫助你確實做到，有幾個要點，可以視為「自我反省」的守則：

一、你得先承認自己的錯誤，然後停止將錯誤怪罪他人。
二、不要再以「早知道」作為藉口，將失敗合理化。
三、學習解決問題，停止抱怨。
四、每天反省並重複練習銷售技巧，及早學習以預防瓶頸發生。
五、選擇權永遠都在自己手上，你可以選擇看待事情的態度。

重要的提醒，自我反省不是把自己想得一無是處，而是當養成自我反省的習慣後，就是幫自己開闢了一條康莊大道，無論今日遭逢何等挫敗，隨時都有捲土重來的機會。

※業績不好時怎麼辦？

在我擔任業務經理時，總是告訴業務：「只要努力見十位客戶，其中一定會遇到一位，不管任何人去銷售任何產品，他都會購買。也就是只要勤奮見十位客戶，至少可以簽到一張訂單。你相信嗎？」某天，有個業務氣呼呼的跑來「質問」我：「我已經見過二十幾位客戶了，怎麼連一張訂單都簽不到？」相信所有業務都會遇到類似的狀況，非常努力勤奮的拜訪客戶，卻連續不斷的失敗，信心幾乎快被失敗吞噬了，內心開始懷疑是不是入錯行了，懷疑自己的能力到底行不行，甚至懷疑Jackie可能在胡扯。

我當時拿出了一副樸克牌，「這副牌有幾張A？」「四張。」「假設這四張A代表會購買的客戶，你來翻翻看！」結果可能第一張就翻開A，可能翻到中間第二十六張才出現，也可能整副牌都翻完了，A在最後四張，如果翻到第十張仍未出現A就停止了，將永遠看不到剩下的那四張A。每個人都希望好運降臨，唯一的真理就是持續勤奮的努力，只有勤奮不懈的人才會吸引好運，因為世上沒有絕望的處境，只有對處境絕望的人。

即使是頂尖業務，也無法每位客戶都成交，包括我自己也曾經遭遇困境，連續被八位客戶拒絕，但越到緊要關頭，越要堅持努力。因為困境低潮的壞運氣會持續多久，沒有人知道，只有更加勤奮努力，勇往直前，才能快速度過壞運氣，接著好運就在下一站等你，就如同翻撲克牌，只要加快翻牌的速度，A將會提早出現。

想贏，首先要有永不放棄的堅持，再來得改變作為，因為人與人之間存在著「吸引力法則」，人的思維或作為就像一股精神力量，相同的力量會彼此相吸引，所以你會吸引跟你類似的客戶，你是怎樣的人就會遇到怎樣的客戶，而通常客戶不購買的理由，跟自己的習慣密切關聯。如果你面對事情的習慣是「到時候再說吧」，「好的，我再考慮考慮」，「不急，反正早晚都會做的」，可以肯定你遇到的客戶，同樣猶豫不決，同樣遲遲無法作決定，你會不會抓狂呢？業績又怎麼會優秀呢？如果想改變這個結果，得先將這股負面的吸引力轉化為正面，因為這最終的結果，最初都是由自己開始發動的，必須改掉猶豫不決的習慣，要知道猶豫不決更甚於錯誤的決定。

業務是看誰撐得久的行業，每位業務都是馬拉松選手，要有跑完全程的心理準備，為自己訂下長遠的目標，一旦鳴槍起跑之後，就非常清楚自己究竟要跑多遠。雖然是跑馬拉松，但每天要踩著短跑的步伐節奏，用盡全力衝刺，然後利用每天自我反省時稍作喘息，無論今天跑得好不好，明天依然全力衝刺，以無數次短跑的距離，累積成馬拉松的里程。未來的夢想是長遠的大目標，每天短跑的距離是小目標，持續累積小目標，便能分階段實現大目標，如果只是將眼光放在未來的夢想，而沒有付諸行動去逐步完成，夢想很快就會變成幻想。

如果你已具備馬拉松選手的條件和心理素質，但仍苦守著慘澹的業績，甚至被摧殘到垂頭喪氣的地步，此時更要當心謹慎，千萬切忌放風、休息、放假，這只會為自己製造繼續沉淪的藉口。接下來我要分享幾個祕訣，每當業績撞牆時，幫助我突破困境的錦囊妙計：

一、**撥打更大量的電話**——當我增加開發量時，一定會遇上好客戶，若選擇停留在原地踏步，自怨自艾的抱怨業績，只會讓自己深陷在困境的泥淖裡。所以此時唯一能做的，就是加速前進，撥打更多電話開發客戶，才能早日度過業績的低潮。

二、**跟支持自己的客戶對話**——業績不好時，反而要盡可能的接觸更多客戶，不要把自己關在高牆壁壘裡。打電話給已經購買的舊客戶，詢問近況、表達關心之外，還可以從客戶身上，得到「客戶願意跟你互動」的良好回饋，多找幾位舊客戶，感覺就找回來了。

三、**拿起書本閱讀，或報名課程**——與其坐困愁城，不如閱讀激勵文章、書籍，或報名課程，將自己澈底掏空，化危機為轉機。透過學習讓自己改變，即使是一個觀念想法、一個銷售技巧或一句應對話術，都可能是業績翻轉的契機。

愛因斯坦曾說：「全天下最愚蠢的事，就是每天不斷的重複做相同的事，卻期待有一天會出現不同的結果。」所以我習慣在業績低潮時，逼迫自己多做一些有價值的事，並持之以恆，半途而廢絕不會成功，成功者絕對不會半途而廢。

※學習與分享

看過一則故事：一位年輕樵夫上山砍柴，不久之後，來了一位老樵夫。到了傍晚，年輕樵夫發現，老樵夫雖然晚來，砍的柴卻比他多。年輕樵夫心裡不服氣，於是暗自決定明天要更早上山。

第二天，年輕樵夫起個大早便上山了，心想：「這次我砍的柴一定比較多。」沒想到，當他挑著木柴要離開時，發現老樵夫砍的柴竟然比他多。

第三天，年輕樵夫打定主意，不但要比老樵夫早到，還要更晚下山，這下子總不會再輸給老樵夫了吧！沒想到，這天老樵夫砍下的木柴，還是比他多出一大捆。接下來的幾天也是一樣。

終於，滿腹疑問的年輕樵夫忍不住了，他問老樵夫：「我比你早到、比你晚下山，比你年輕有氣力，為什麼砍的木柴總是比你少？」

「年輕人啊！」老樵夫拍拍他的肩膀說：「我每天下山回到家，第一件事就是把斧頭磨利，而你回到家後，因為太累了就只顧著休息，斧頭都砍鈍了卻從來不磨。雖然我比你老，比你晚到，比你早下山，但我的斧頭比你利，我只要砍五下，樹就倒了，你卻要砍十幾下，樹才會倒。」年輕樵夫聽了終於恍然大悟。

終日為生活忙碌，自己是否具有磨利斧頭的智慧呢？千萬別讓忙與沒空，成為停止成長的藉口。我離開香港資深業務經理的職位已超過十年，有件事情非常肯定，就是我現在超過七〇％的銷售技巧及知識，是在離開香港之後，不斷精進學習才擁有的。如果認為自己什麼都懂，什麼都會，滿足於現狀而停止學習，那將很快面臨被淘汰的命運。頂尖業務絕非與生俱來的，如果缺少後天的努力，業務生涯將如流星乍現、掠空即逝，因此持續學習是讓自己保持競爭力的基礎。我深信，當客戶面對一位有價值的業務時，連討價還價的勇氣都沒有，但遺憾的是，放眼望去絕大多數的業務並不願意學習，根本連跟客戶討價還價的機會都沒有。

希望成為頂尖業務之前，必先了解在產品大量統一化、制式化的情況之下，客戶為什麼選擇跟你交易？客戶之所以選擇跟你交易，並不是因為你能提供最廉價的產品，而是因為你能提供比競爭對手更高的價值。客戶永遠相信一位能提供高價值的業務，絕不會銷售劣質的產品，銷售的本質就是如此，人的價值加上產品的價格，就是業務銷售產品的最大極限。**想賺更多錢，就必須持續增強自己的價值，所以當賺不到錢時，反而更應投資自己。**業務賺不到錢，代表觀念或方法有問題，即使知道問題在哪裡，通常也無能為力解決，所以學習是解決問題的最佳途徑。記住！沒有任何投資比投資自己更划算，透過學習更廣泛的知識，才能避免陷入永遠無法翻身的惡性循環裡，有句話形容得非常貼切：在抱怨自己錢賺得少之前，先努力讓自己值錢。

同時，持續學習也提供很好的「歸零」機會，面對環境的巨變，以及時空背景的迅速遷移，僅只依恃過去的成功經驗，很可能種下未來失敗的種子，沒有任何一位頂尖業務，會只想著運用過去的知識，試圖在未來取得成功。上過我課程的學員裡，有相當大比例已經是業績相當不錯的業務，有一部分雖然業績起起伏伏，但有積極進取的企圖心，並以選擇上課的行動來證明，另外一小部分的業務，是被主管強迫學習的，最後剩下不曾報名任何課程的業務，則幾乎處在被淘汰的邊緣，辛苦的掙扎著。為什麼業績越好的業務越願意學習，並不全然因為付得起學費，而是懂得善用方法，增加自己的價值，進而取得優於他人的收入，如果成功可以唾手可得，那我們早就都成功了。

正確學習的態度是不要貪心，不要期望上過一次進修課程，就可以學會全部的技巧，因為站在面前的講師，是經歷相當時日的積累，才能從臺下的座位走上講臺。所以只要在每個課程裡，扎實學會一種新方法，時日久了，自然可以累積豐厚的實力。現在就為自己訂定學習方針，有計畫的朝著興趣去學習，或選擇對事業有助益，或透過學習來放鬆自己，或單純只是增長知識見聞。無須拘泥只學習跟銷售直接相關的課程，最好可以跨行業，因為未來的趨勢，不同行業別的界線將日趨模糊，銀行理專同時在銷售保險就是最好的例子，況且業務得面對各行各業的客戶，懂得越多，就越容易與客戶建立關係。

我剛到香港時，朋友告訴我：「在香港做業務，得買只勞力士來戴，因為在香港『冇勞就唔使撈』。」朋友的意思是沒戴勞力士在香港就不用混了，我一直將這句話放在心上，偶然一次經過駱克道的書報攤，我買到一本專門介紹鐘錶的雜誌，從此便跌入鐘錶的世界。鐘錶知識對我的業務拓展有幫助嗎？事實絕對勝於雄辯，自此之後，當我遇到同樣喜歡鐘錶的客戶，因為我們手上都戴著不錯的錶，透過相同的興趣及嗜好，而拉近彼此的距離，建立信任關係，其速度之快絕對超乎想像。

在學習之後，只有一個重要原則，就是將學過的知識消化整理，馬上運用或跟同事分享，即使只是課程中的一小段內容都好。客戶是絕佳的演練對象，不必擔心表現得不夠純熟，只要增加練習次數，表現就會越來越好，就像幼兒學習走路，剛開始總是跌跌撞撞，道理是一樣的。與同事分享，是另一種強化學習效果的方法，比起面對客戶，少了壓力而多了共好的期盼。透過這些學習後的行動，可以加深印象並吸收內化，然後再開啟新的學習，持續運用，持續分享，銷售的斧頭才會越磨越利。

Shirley Wan

香港迪士尼美語同事

那年，我是剛從加拿大回到香港的大學畢業生，沒有任何工作經驗，誤打誤撞去了一家公司應徵，這是一家銷售迪士尼幼兒美語教材的公司。結果很幸運的被錄取，我人生的第一份工作從此正式開始了。

我當時的老闆是Jackie，這位年輕老闆才二十幾歲，除了外表帥氣之外，內涵也相當豐富。Jackie每天親自傳授銷售技巧、產品知識、客戶開發技巧……，這些排山倒海式的訓練，再加上要求非常嚴格，幫助我奠定扎實深厚的銷售功力。

我們銷售的美語教材不同於一般教材，在二十年前已要價將近五萬港幣，並不容易銷售。而Jackie教我們的銷售技巧非常實用且特別，和客戶對談的過程中，充滿感性和真誠，常常說到感動處，讓客戶掉下眼淚，並且決定購買我們的產品，有超過九成以上都是一次成交的陌生客戶。我要謝謝Jackie願意將這些技巧，毫無藏私的交給我們，時隔多年，讓我在業務銷售的行業，依然游刃有餘。

Chapter 4.

一切都是為了成交

沒有人可以幫你，除了你自己

汽車銷售頂尖業務吉拉德（Joe Girard）說：「如果你從事銷售，那成交就是你的工作！」頂尖業務會在第一時間讓客戶知道，今天一定會成交，訂單是屬於我的，所做的一切準備，只有一個目的，就是成交。

業務都希望成交每一位客戶，但還是得面對現實，並不是每一筆生意都能談成，當沒有成交簽單時，不要用死纏爛打的方式，讓自己和客戶的關係變得緊張，甚至對立。所以業務必須學會適時放手，把自己和客戶的關係調整回到正常軌道，退一步海闊天空，保留一線生機，之後再持續跟進。

業務面對客戶時，永遠做好最充分的成交準備，至於尚未成交的客戶，就必須跟進、跟進、再跟進。

※做好充分的準備

見面第一眼就要贏得客戶的尊重，否則接下來一切都別談了。想要贏得客戶的尊重，來自於你為了這次的面談，做了多少準備工作，其實根本不需要開口，客戶完全感受得到。你有小孩嗎？當加班到很晚才回到家，見到小孩時順口問了一句：「今天的功課寫好了沒？」你期望得到什麼答案呢？如果小孩回答：「還沒寫好，我明天搭車上學的路上再寫就好了。」你聽到這個答案，會不會瞬間爆氣？或者強忍著滿腔怒火？然而是不是也該問自己同樣的問題，見客戶的事前功課做好了沒？你習慣在搭車見客戶的路上再做準備，或根本沒有準備，還是事前就已做好充分的準備。

頂尖業務所展現的自信，絕大部分建構在「見客戶前已做好充分的準備」，因為在面對客戶時，就是自己一夫當關，背後沒有後援部隊，更別期望在關鍵時刻會收到空投物資。

業務在進客戶家門之前，先問自己三個問題：

客戶為什麼要買？

為什麼要現在買？

為什麼要跟你買？

這三個問題，必須針對個別客戶設定好購買的理由，以及可能出現的反對問題，最起碼在拜訪前一晚就準備好，腦海中要非常清楚三個問題的答案，並且對著鏡子反覆模擬演練。然後睡前再次檢查明天的服裝是否潔淨並燙得筆直，鞋子是否擦拭乾淨，所有的準備工作，只為確保自己會以最佳狀態出現在客戶面前。事前準備得越充足，就越有信心，你的說服力就越強，而且有準備跟沒有準備的表現絕對截然不同。頂尖業務總是預先為勝利做準備，所以當機會出現時，可以迅速且輕易的抓住機會。

最後一個重要的環節，試著把客戶的姓名放上Google或Facebook，或許可以獲得更多客戶的蛛絲馬跡，如此一來，可以在見面時創造更多共同的話題，有助於建立關係、拉近距離。在細節之處多用心留意，才不會在客戶面前，像隻不知所措、倉皇亂竄的無頭蒼蠅。

之所以會在銷售前做好萬全的準備，一部分原因來自於責任，而這本來就是頂尖業務應有的態度，另外絕大部分來自於對工作的熱愛，享受銷售並樂在其中，才能擁有源源不絕的動力，簡而言之，熱情就是動力的來源。因為有熱情、有動力，所以你可以發自內心無條件的熱愛公司、熱愛產品、熱愛工作，如果你覺得公司有問題，產品不具競爭力，無法真心熱愛公司與產品，請馬上換工作！不要繼續賴在你不認同的公司，販售你認為沒有競爭力的產品，當你自己都不相信自己的選擇，還有誰會相信你？所以客戶想知道的是：

你熱愛公司嗎？

你喜歡公司的產品嗎？

你有購買公司的產品嗎？

如果你熱愛工作，把工作當樂趣，那猶如置身於天堂，如果你覺得達成業績責任額是義務，那就像處在水深火熱的地獄。你必須熱愛所銷售的產品，然後將自身經驗分享給客戶，客戶自然而然會對你產生安全感。

我的工作有一部分是去參加業務單位的早會，我會用大約二十分鐘的時間，幫業務單位激勵士氣，同時銷售我的業務行銷課程，由於每次講課的地點不同，臨場可能會發生的狀況也層出不窮。曾經遇過有的單位沒有投影機，或投影機有狀況但一直沒有維修，有的會議室沒有會議用擴大機，有的連白板都沒有，有的電腦太舊無法讀取新版的檔案……，我不禁心想，天啊！這樣的業務單位怎麼會成功呢？

以我親身的經驗，事實上我們無法預期所有可能遭遇的狀況，但卻可以為曾經發生過的狀況，事先做好萬全的準備。因為我不想將結果交付他人手上，所以做了一些相對應的準備，我購買了投影機和會議用的擴大機，隨時放在車上，還特別設計一張簡報，模擬取代我在白板上的書寫流程，另外再準備二只USB隨身碟，存放講課檔案，每一個檔案都儲存成二種不同版本，即使是使用舊版軟體的電腦，也能順利讀取檔案。

因此，不論我所拜訪的單位，硬體設備如何殘缺不全，我依然保持強烈的自信，因為我已準備好應付任何狀況。而你是否為了自己的勝利，預先做好準備工作呢？還是每次都使用同樣的藉口，「早知道我就……」「我下次帶來給你……」「我再去幫你準備這些資料……」。

魔鬼總是藏在細節裡，你必須準備一切可以幫助你馬上成交的物品，有時雖然你講解得無懈可擊，但在關鍵時刻偏偏少了一份可供佐證的資料，說服客戶的力道瞬間疲軟。

所以為了成交，在出發前要盡力做好下列準備：

準備一些有質感的小禮物——客戶家裡可能會有家人或朋友在場，贈送小禮物會讓客戶對你產生印象加分。

既有客戶簽單的影印本，記得將重要個資塗銷——當客戶猶豫不決時，過去購買的客戶簽單，足以證明你是個擁有許多客戶的頂尖業務，絕對值得客戶信賴而安心購買。

重要關鍵的報紙剪報——針對客戶可能提出的反對問題做準備，通常報紙的簡報，要比業務單純解說更有說服力。

競爭對手的產品資料——每當客戶想要甩脫購買的壓力，多數會用「比較產品」當藉口，若不做好準備，此時只能乾瞪眼，摸摸鼻子無功而返。

棒棒糖或貼紙——很多時候程咬金會是客戶的小孩，你給糖，他們就不會搗蛋了。

用心想想自己的業務所需，為自己的勝利列一張清單。

在香港，每年七月是圖書業的「黑鮪魚季」，因為為期一星期的香港書展，所有雀屏中選參加書展的業務，無不摩拳擦掌、蓄勢待發。如果表現優異，業績將如雪片般飛來，令人應接不暇，所以每位業務都要帶著自己的 sales kit，包括名片、資料夾、合約書、展示樣品，還有贈送給客戶的小禮物等，林林總總有二十幾樣物品，因此最好為自己的生財工具列一份清單，以免丟三忘四，搞不清楚到底遺漏了什麼。我嚴格要求業務在前一天回公司先行檢查一遍，所有缺少的物品一律在辦公室補齊，第二天到達會場之後，立即到自己的位置上，將銷售所需的工具再拿出來確認一遍。我們都不希望在最緊要關頭，還要離開客戶去找祕書借東西，往往在一去一回之間，客戶的購買衝動可能已經冷卻了，客戶簽不簽約，就在那一瞬間，「凡事豫則立，不豫則廢」，因為我們準備得非常充分，短短一個星期可以成交兩百張以上的訂單。專業和業餘業務的區別，就在能否遵照規矩，按部就班，為成交做好萬全準備，因為機會是留給準備好的人。

※成交在見客戶之前

客戶可能會成交？或者一定會成交？從現在開始，在見任何一位客戶之前，必須告訴自己「客戶一定會成交」！因為即使你抱持著客戶一定會成交的決心，客戶都未必成交，更何況你只是抱持著可能會成交的態度。

大多數業務將銷售重點放在產品上，總是滔滔不絕的告訴客戶，產品有多優惠、多划算，現在不買絕對會後悔！現在請你試著回想過往的成功案例，客戶真的是因為產品才購買嗎？如果你回答：「當然是為了產品，否則客戶付費要買什麼？」此時大多數業務都忽略了一項重要因素，就是「你」也是產品的一部分。還記得前面說過「人的價值加上產品的價格，就是業務銷售產品的最大極限」嗎？現在就告訴你一個比銷售產品，還更重要的細節。

當你前往客戶家的路上，是否有過這樣的念頭：客戶會不會買？會不會白跑一趟？

會不會被放鴿子？如果在開始銷售之前，已經為銷售結果作了最壞的定論，不好的結果就會應運負面想法而產生。因此，想要有好的結果，必須要有好的開始，在進客戶家門之前，建構「一定會成交」的信念，將自己調整到最佳的心境。對業務來說，這絕對是個好的銷售開始，因為成功的銷售，就是將信心傳遞給客戶的結果，想要擁有強烈的自信，必須在拜訪客戶的路上就開始凝聚。期許每一位業務，現在就養成成交的習慣，在拜訪客戶途中建構足夠的信心。那該如何做呢？

第一步必須「提早出發，沉澱心情，整理思緒」，至少在約定拜訪時間前半小時抵達，如果我是你的客戶，我們約在咖啡廳見面，當我站在門口就看見你在等我，對你的好感度絕對加分。如果你總是將時間安排得剛好，捨不得提早出發，在前往拜訪的路上，不會有時間整理思緒，因為你總是不自覺的看時間，「可能會遲到」的擔憂揮之不去，嚴重影響著情緒。遲到對業務員來說，無疑是災難的開始，面對辛苦才約到的客戶，你絕不會想要用「遲到」作為開場序幕，一旦遲到就會被客戶貼上「不太可靠」的標籤。由於提早出發，在路上才能好整以暇的沉澱心情與整理思緒，一定要帶著愉悅的心情上場，你要知道，你絕不是唯一跟客戶打交道的業務，如果想讓客戶掏腰包，必須先給客戶第一個成交的理由，那就是讓客戶喜歡你的程度，勝過其他業務。客戶必須先喜歡你，才有可能產生信任感，可以避免客戶因為不喜歡你，而故意提出的反對理由，因此帶著愉悅的心情見客戶，就已經贏了第一步。

接著第二步必須「回想過去最成功的經驗」，在腦海中營造成交的意象，將思緒集中往一個明確的成功方向，你的行為就會跟隨。喚起記憶中成功愉快的經驗，並盡量讓美好的經驗充滿在回憶裡，在銷售還未開始之前，不斷的回想、感受，因為當你發自內心認為會成交，成交就是必然的結果。

我在香港待了幾個月之後，開始學會跟香港人一樣，依照地址判斷客戶是否有購買能力，例如只要約到半山的客戶就特別高興，因為住在半山的客戶經濟能力較好，見了面幾乎篤定會成交，這實在不是頂尖業務該有的思維和作法，但當時我們確實都這麼做了。有一次我約到一位新界的客戶，我請員工幫我看看地址，教我該如何搭車前往，之後我拿著一張寫著如何搭車、轉車的紙條，正準備轉身離開時，員工忽然問我：「Jackie，那是住在老舊公屋的客戶，而且從公司過去很遠，你確定要去嗎？」我已經在香港住了幾個月，當然知道公屋就是臺灣的國宅，尤其在新界公屋的客戶，可能代表較差的消費能力，而且路途遙遠，我必須搭地鐵到紅勘火車站，然後坐火車到新界，轉小巴，再走一段路才能到達客戶家。

當我聽到這段話時，突然有所領悟，原來大多數業務業績不好的原因，是因為他們總會將還未發生的事情，往負面方向思考，「客戶住的環境較差、經濟能力較差、路途遙遠、不知道會不會成交」，在還沒見到客戶之前，就已經幫客戶設定在「成交機率不高」的狀態了！所以，你也有這樣的習慣嗎？出發前就認為客戶成交機率不高，既然如此，那為什麼還要去呢？是想碰碰運氣嗎？

因此第三步必須「想像自己就是萬中選一的幸運兒」，當然想成為幸運兒之前，要先抱持著樂觀的想法。你有買過彩券嗎？回想當時買彩券的心態，就是相信自己有機會成為萬中選一的幸運兒！頂尖業務之所以成交率高，絕不只是靠運氣，也不是因為講對了某句話，或做對了某件事，而是頂尖業務帶給客戶整體表現和觀感的總合，促成了成交的結果。以上所述的三個步驟，就是業務整體表現和觀感，一開始最重要的部分，缺少這個部分，或許偶爾運氣好會成交一件，但如果想要連續成交，這三件事要持續的練習，缺一不可。

在拜訪客戶的路上，成功營造自己「強烈渴望成交的企圖心」，不斷凝聚正面的能量，氣勢肯定不同凡響。在我二十年的銷售生涯裡，始終遵守這個規則，當我成交的信念非常強烈、極度渴望時，通常客戶都會配合，也就是最後銷售的結果，會朝著我所預想的方向發展，幾乎每次都奏效，鮮少例外。一般業務之所以會失敗，是因為連自己都不相信自己真的可以辦到！

當我前往新界拜訪客戶的路上，已確實將上述的三個步驟在腦海中重複演練，我步下小巴，照著員工給我的路線圖步行，由於每次都提早半個小時抵達，我可以很從容的再複習一次，要如何跟客戶開啟談話？有什麼重點一定要提？有什麼地雷要避免？然後再確認一次服裝儀容是否整齊乾淨，提起十二萬分精神，集中注意力，展現最自然的微笑，按下客戶家的門鈴。

這次的家訪，讓我對香港的印象改觀，原本以為香港人都很富有，結果發現貧富差距極大。客戶家中有五位成員，爸爸開九龍巴士，媽媽在快餐店打工，還有三名年幼的子女，夫妻月薪只有一萬五千港幣，這樣的經濟條件，確實不是我們理想的客群，因為光教材的價格，就已經是成交的最大罩門了。但無論客戶的條件如何，信念總會督促我「每次都要結案」，因為沒有比這個更划算了，三名子女共同使用，只須付一個價錢。當我遞出合約書要求簽約時，客戶不加思索的一口答應，客戶的反應反而讓我陷入猶豫，我注視著他的眼神，按住他已經在動筆的手說：「你要不要再考慮一下，因為每個月二千多港幣也滿多的。」

「成交在見客戶之前，但進門後要忘記成交」，這是我要在本篇分享的最後一個關鍵，也是整體最重要的部分。在客戶面前必須忘記成交和傭金，才不會帶著滿腦子是錢的猙獰面目與客戶對談。當忘記成交時，才會展現出真心的關懷與熱情，讓客戶深受感動，然後客戶會自行決定，要不要跳上這艘船，和你一起揚帆啟航！

※不要看輕任何一位客戶

曾經一位保險業務問我：「Jackie，我要怎麼做，才可以讓高資產客戶跟我買保險？」

當第一次聽到業務問這個問題時，我不以為意，但當超過十位業務問相同的問題時，我才發現問題的嚴重性，其問題的根源在業務的認知，憑什麼認為一位有錢的客戶，就應該跟你買產品。當內心有此想法時，外在表現與言語之間，即會不經意流露出「有錢就應該買」的態度，客戶的雷達都很靈敏，而且有此想法的業務，絕對不會是客戶身邊唯一的哈巴狗，高資產客戶很熟悉，也很快就意識到業務的企圖，然後馬上築起一道高牆，你休想逾越得逞！

當我聽香港朋友說「冇勞就唔使撈」之後，開始認真思考是否該買只勞力士。當時我住在尖沙嘴加拿芬道，對面就有一家鐘錶店，某天下午，我穿著運動服、布鞋，口袋裡裝著現金，準備買只勞力士當作送給自己二十四歲的生日禮物。我怯生生的走進鐘錶店，映入眼簾的是錶櫃裡滿滿的名貴手錶，羅列整齊，熠熠發亮。當下並沒有人過來招呼，我也沒想太多，就停在離門口最近的錶櫃，裡頭躺著幾十只勞力士，我專注仔細的欣賞物色，指著其中一只看起來較順眼的錶，抬起頭問老闆：「這只可以拿給我看看嗎？」老闆並沒有過來拿錶，而是緩緩轉過頭來，打量了我一眼，頭抬得高高的，用鼻孔瞪著我，然後拉高聲調說：「這只很貴喔！」

多數業務習慣依照客戶的年齡、衣著、使用的物品等，來評斷客戶是否有購買能力，但這些業務搞錯了方向，選擇權並不在業務的手上，而是客戶完全主宰了購買的「生死大權」。希望業務都能公平善待每一位客戶，在沒有任何結果之前，不要急著為客戶貼標籤，因為客戶臉上不會寫著「我買得起」或「我買不起」，就算有，也不應該影響到業務的專業。「不是客戶有錢就應該買，也不是客戶沒錢就不會買」，身為專業的業務，從此刻起，將這個觀念深植在內心深處。業務必須建立自己「看起來」像個專家的形象，所以頂尖業務願意花費置裝、購買配件，讓自己看起來更有質感，但是客戶並不需要刻意注重外表，不需要讓自己看起來像個「買得起」的客戶。

二〇〇二年，我在香港擔任業務經理，某個假日，帶領幾位業務在淘大花園旁的商場佈點。我們按照慣例，星期六一大早先到尖沙嘴公司集合，合力將佈點的器具搬上小貨車，必須確保這些生財器具可以在商場開門前一小時送達，才有充足的時間佈置並準時營運。在商場開門不久，已有些零零星星的人潮在商場裡走動，因為這時人潮不多，當班的幾位業務站在一起聊天，神情也顯得輕鬆。我注意到遠處有一位先生正朝著攤位走來，他穿著短衣短褲，踩著拖鞋，手裡提著超市的塑膠袋，看來是剛在超市購物，正準備回家的樣子。同時我也發現到，當班的業務自顧著聊天，而忽略了這位「看起來」沒有購買力的客戶。果不其然，當客戶經過這幾位業務時，沒有人上前去接觸，於是我一個箭步移到客戶面前，寒暄幾句後請客戶坐下來，結果呢？不到半小時的講解，客戶當場購買了最貴的一套產品。

再次證明，**你成為頂尖業務的機會比你想像的更大**，與某些眼睛長在頭頂上的業務競爭，你完勝對手的機會非常高。讓我再分享一個親身經歷的故事，有一回開車去保養，德國車的保養廠及展示間都蓋得氣派豪華，當然進去之後也得有花銀子的心理準備，我照往常將車子停在門口，然後進休息室等候技師檢查及保養報價，這流程再熟悉不過了。但這次的保養報價讓我傻眼，價格足足比平常多了五〇％，於是我耐著性子檢視報價單，挑了一項感覺怪怪的價錢問技師：「這機油的價錢怎麼比以前貴了許多？」「這是最好的機油！」我滿臉疑惑的再問：「怎麼原廠的機油，也有好一點跟差一點的分別嗎？」「這是柴油車專用的，各方面都比較好。」技師毫不考慮的回答。這時我更疑惑了：「我這是汽油渦輪引擎，怎麼用柴油的？」「不然你告訴我該怎麼保養！」技師口氣已顯得不耐煩。我完全感受到對方當我是笨蛋或凱子，準備要海削一番了，在這樣的情況之下，我想任何人都會有相同的感受。

在我業務經理的生涯裡，發現業務「看走眼」的機率很高，如果業務不是發自真心去尊重客戶，很快就會失去客戶的尊重，進而被客戶拒於門外。這讓我想起二〇〇二年，香港政府為優化旅遊品質，請劉德華拍了幾部教育宣導廣告，臺詞是這麼說的：「今時今日咁嘅服務態度唔夠架！」意思是今時今日這樣的服務態度是不夠的。因為自己就是一面鏡子，想讓客戶喜歡你，得先打從心裡喜歡客戶，與客戶共同創造一個良性的互動循環。想要與客戶創造良好的互動，最好的方法就是將心態調整到「假設客戶已準備購買」，當每一次都是面對已準備購買的客戶，心情、語氣、表情絕對是最佳狀態，你得確保面對每一位客戶時，態度都是一致的，而你不再是客戶最後決定不買的問題製造者。

在與客戶的對話中，可以自然而真誠的加入這樣的話術：

我們等一下可以先選擇一般人都會選的方案……

我到時候會提醒你回來做保養的……

你在使用時，要特別注意這個地方……

我看你應該是穿大號的，我現在去幫你準備……

這質料很好，記得到時候一定要乾洗喔！

記得保存這些保養品，不可以照到太陽喔！

想要成為頂尖業務，必須先認為每位客戶都有可能成交，屏除預設立場，不要為客戶算命。我很喜歡向公司購買舊名單，即其他業務曾經拜訪過，結果未成交的客戶名單，不但費用便宜，而且總能從中成交許多訂單，因為我打從心裡認為舊名單是寶藏。然而大多數業務並不喜歡向公司購買舊名單，他們認為有人談過了，成交率應該不高。所以從現在開始學習拋開對客戶的成見，不要用過濾鏡的眼光，試圖過濾出你認為買得起的客戶，這樣才能秉持一貫的態度，公平對待每一位客戶。不要滿腦子只想遇到有錢的客戶，當你一廂情願想經營有錢的客戶，得先要客戶看得上你才行。

一銷售SOP一

跟客戶開始銷售談話前，是否告訴過自己，如果被客戶拒絕，你準備花多少時間，讓客戶從拒絕到購買，你準備好犧牲到底了嗎？

你準備好榨乾大腦了嗎？我發現當我每次完成銷售，帶著簽單離開客戶家門的那一刻，就像剛歷經了一次大考的洗禮，感覺大腦完全被榨乾了，全身虛脫只想呈大字型癱平！

你曾經試過這種感覺嗎？

我總是告訴我的業務，當你離開客戶家時，不論成交與否，如果沒有大腦被榨乾的感覺，就是你剛剛在銷售時並未盡力，顯而易見的沒有用盡全力，哪有用盡全力而不感到虛脫的？

※每次多撐五分鐘

頂尖業務一踏進客戶家門，客戶絕對可以輕易的辨識出來，因為頂尖業務身上，總是散發出獨特的特質與一股強大的力量，讓人感受到強韌的耐力與堅持到底的決心。而整個銷售的過程，就好像一場業務與客戶的拔河拉鋸戰，身為業務的你，必須作好長期抗戰的準備。

有一次，我在便利商店見到一個小孩要求媽媽買玩具，媽媽不肯，於是小孩使出殺手鐧，哭！放聲大哭！媽媽說「不行」的次數越多，小孩的哭聲就越宏亮、越淒厲，再加碼地上打滾的橋段，最後媽媽抵擋不住，舉白旗投降了。

毫無疑問，這個小孩絕對是頂尖業務，面對媽媽無數次的拒絕，一概充耳不聞，且自始至終展現強大的決心與意志力，媽媽為什麼會投降呢？只因為小孩撐得比媽媽久。如果當時媽媽再堅持一下，再撐久一點，狀況或許會完全不同。銷售也是一樣，這是一場看誰撐得久的遊戲，你要很清楚知道，在放棄銷售之前，你願意承受多少「不」！

我剛加入迪士尼美語的第一天，同事花了一整天的時間，辛苦教我們產品的內容。在第一節新人訓練課程結尾時，我得知一套教材要價七萬八千八百八十八元，這還是二十年前的價錢，頓時心底涼了半截，感覺心灰意冷。訓練當天我穿著一件一百塊的襯衫，二百塊的西裝褲，公司樓下停著朋友借我的古董摩托車，只要遇上大雨還會熄火，相形之下，要銷售如此高價的教材，我沒有任何勝算。於是我帶著沉重的心情上第二節課，在實際看到產品後，讓我完全改觀，因為我要銷售的是有魔力的產品！產品組合裡有一部會講話的機器，只要將彩色卡片放到機器上，卡片就會自動從右走到左，接著機器會將卡片上的英文讀出來，每張卡片都是迪士尼的卡通人物，非常有趣好玩，而且還可以錄音。哇！光是這樣，我確信七萬八千八百八十八元賣得出去，一定可以賣得很好。在一整天的訓練課程之後，我已深深愛上這套產品，使用上確實可以啟發孩子的學習興趣，如果客戶不買，將會是他們最大的損失。因為這個緣故，我總是願意「為了客戶的孩子」，每次再多撐五分鐘！我爭取的不是客戶的訂單，而是孩子的權益。之前說過，你得相信自己，關心客戶，熱愛產品及公司，當擁有這些正確的認知與心態之後，才能點燃你每次多撐五分鐘的動能。

只要起心動念不是為了私利，相信客戶總能感受到我的用心，所以我在每次多撐五分鐘的過程中，客戶也會盡力配合。我曾經在一位客戶家裡，足足多撐了五個半小時，從八點進客戶家門，直到凌晨一點半才帶著訂單離開，這是我的勝利，也是客戶的勝利。我能夠跟客戶堅持這麼長的時間，有三個必要條件才能達成：

第一，銷售的場合必須在客戶家。或許業務都曾有過相同的經驗，就是坐在咖啡廳跟客戶聊開了，直到店家通知即將打烊，此時如果正在結案，隨著咖啡廳打烊，足以讓先前的努力付諸流水、煙消雲滅。又客戶突然有要事或趕時間，在開放的場合，客戶隨時可以起身離去。所以遇到成交機率高的客戶時，千萬不要約在公共場合見面，最好商談的場所就是客戶家中。

第二，客戶必須是夫妻同時在場。盡量避免在異性客戶家中停留過長的時間，可以設想一個狀況，當接近午夜十二點時，客戶的先生或太太加班回來，看到家中還有客人，而且還是個異性業務，表情肯定非常錯愕尷尬，甚至不悅。

第三，如果客戶沒有示意，就不要逕自離開。客戶很清楚業務是來銷售的，當客戶還願意坐在談判桌上，代表還有意願，只是業務仍摸不著頭緒，未找到成交的訣竅，此時若轉身離開，只能當作今天沒來過，因為此舉等同於當場宣佈棄權了。

為了每次多撐五分鐘，必須保留一些好消息作為籌碼。有一次我去商場詢問淨水器，才開口問不到二個問題，銷售業務就迫不及待的告訴我：「如果今天購買，我們會提供免費的運送，免費的安裝，還有免利息的分期付款！」聽完這些優惠之後，我感受到業務急著要成交，反而想再試看看業務還有什麼優惠沒有說出來。因此我不建議在要求成交時，一股腦兒將準備送給客戶的優惠全部提出，一次提出所有優惠，希望可以促使客戶作決定，但也可能節外生枝、弄巧成拙，結果損失更多。此舉並不是要業務欺騙客戶，而是把原本要送給客戶的優惠稍作保留，一次給予太多，客戶會認為還可以要更多，所以最好採取策略性的作法，在對的時機點，慢慢將好消息一一釋出。

業務可以先試著釋放第一個好消息：「如果今天能夠決定，我幫你爭取明天送貨，現在排隊的很多，你覺得好不好？」此時拿出合約，要求客戶「坐」下來，並協助客戶開始填寫個人資料，告訴客戶「我去爭取明天送貨」，然後離開客戶，去請示明天是否能夠送貨。當業務離開後，客戶心裡可能會掙扎，到底要不要現在就買？或許同行的朋友或家人，會趁業務離開時勸他再想一想。所以在一分鐘之內，業務必須回到客戶旁邊，看看資料填得如何。

接著跟客戶說：「報告一個好消息，已為你爭取到明天可以準時到貨。」有些客戶內心還在左右搖擺，到底要不要現在就買？所以除了「明天可以送貨」的好消息之外，同時讓客戶知道，還額外爭取到更優惠的條件，以促使客戶加強購買的信心，這時業務可以說：「我剛剛有要求公司，貨品送到之後幫你『免費安裝』，因為你是好客戶，我希望交你這個朋友！」

了解了嗎？好消息必須逐步分開的向客戶宣布，而不是連珠炮似的全部一次給予，當然應該送的優惠，最終都要全部送給客戶，不可因客戶較容易購買就省略不送，但千萬不要一次全給。最後要留一、二項好消息，以備不時之需，萬一客戶還有所猶豫，業務才有籌碼，才有理由多撐五分鐘。

迪士尼的兒童英語教材，在香港定價超過五萬港幣，對業務而言，價錢確實增加不少銷售難度，但如果用分期付款的方式，銷售就變得容易許多了。然而分期付款須支付公司利息，許多客戶希望用分期付款購買以減輕負擔，但又不想支付利息，於是我會要求客戶選擇較短的期數，因為期數越短，支付的利息越低。有些客戶會選擇分六期，卻遲遲無法下決定，當我感覺客戶即將放棄時，會問客戶：「如果分三期，你會不會覺得有點壓力？」客戶點頭說：「有一點，不過三期跟六期差不多！」「如果我可以幫你爭取不要付利息，你覺得呢？」稍微沉默停頓之後，接著說：「但這個機會是你必須現在就下決定，我才能夠爭取，不然我爭取到了，而你沒有買，我以後會很難幫別的客戶爭取。」

於是我將合約書遞給客戶，「你希望用信用卡還是現金呢？」一張訂單，這樣就成交了！

※先找到決策者

當客戶兩手一攤說：「我真的沒辦法決定，要我先生才能決定，而且我也不確定什麼時候可以約到他。」相信業務都遇過這種進退維谷的狀況，但你知道嗎？這並不是客戶將你推向懸崖邊緣，事實上危機是業務自己造成的。先找到決策者，是銷售前最重要的環節，如果已開始解說產品，卻仍未找到決策者，如同坐在沒有方向盤的駕駛座上，但問題是這部車子正催緊油門，加速往前衝了！

到底是付費者可以決定？或決策者另有其人？一直是業務的重要課題，必須集中注意力並打開所有觀測雷達，搜尋任何可以確定決策者的蛛絲馬跡。在我還是業務菜鳥時，透過陌生開發約到一位住在臺中金山路的客戶，雖然我事先在電話裡邀約客戶的先生一起參與，但當我踏進客戶家門時，客戶才告知先生並不想了解產品，當時我感覺到一股潛藏的危機慢慢在醞釀，於是我在正式進入銷售流程之前，跟客戶確認幾個問題：「今天先生不在，如果妳決定要買時，需不需要再給先生看一次？」「應該不用，我自己可以作決定！」「所以如果妳要買，也是自己付錢嗎？」「當然啊！我有在賺錢。」「我想也是，因為感覺妳是個很獨立自主的人，對嗎？」「嗯！我買東西都是自己作決定的。」

當我再三確認，都得到客戶的應許後，才開始與客戶進入銷售流程。但若客戶表示還需要跟先生商量時，該怎麼辦呢？為避免橫生枝節，我會另約時間再來拜訪，因為尚未見到決策者，即使達成購買的共識也無濟於事，還得經過先生那一關，與其讓客戶去跟先生商量，不如由我親自解說，會更加清楚而明瞭。

這位客戶在第一次會面當下就簽約了，但後續的發展一如客戶所言，先生極力的反對，夫妻甚至為此爭吵，還好最後先生選擇退讓，使我充滿愧疚的心情得以減輕許多。我當下之所以要求客戶成交，而客戶也欣然答應，其中關鍵原因就是客戶有經濟能力，可以自主作決策，如果我在銷售之前無法確認這一點，最終可能就白忙一場了！

業務都曾遇過誤判決策者的狀況，當約訪的客戶沉默寡言，身邊的家人或朋友倒是問題不少，常常會造成誤判，以為提問者擁有主導權，結果業務只顧著與積極提問者互動，而冷落了真正的決策者。當然我也遇過這樣棘手的問題，我總希望可以到客戶家裡拜訪，但有些客戶只願意在公司見面，而且只能撥出午休的時間，業務都知道去到客戶公司銷售，基本上成果可能不如預期，不過只要有銷售的機會，還是得把握嘗試。於是我依約到了客戶的公司，當我一進辦公室大門，坐在門口沙發上等我的，除了約訪的客戶之外，旁邊還多了二位同事。我遞上名片，作了簡短的自我介紹，然後拿出資料夾放在桌上，這時客戶的同事開口說：「你們公司的教材很貴喔！」我笑著回應：「是啊！真的很貴，但是很有效。」接下來我做了二個動作，先從公事包拿出禮物申請卡，要求那二位同事幫小朋友申請迪士尼的免費小禮物，這樣我可以獲得她們的基本資料，再來我將資料夾翻開到價錢表，放在客戶面前供她們自由翻閱，既然她們都已知道價錢，就直接打開潘朵拉的盒子。同時我決定今天完全不講產品，只跟眼前這三位客戶閒聊就好，況且午休的時間也不長，有趣的是我約的客戶話語很少，只是微笑看著同事不斷的發問，從旁人看來，好像她同事才是想要購買的客戶。在我們三十分鐘的閒聊中，我的銷售策略是盡量留給客戶良好的印象，最起碼不要讓她們討厭我，之後再各個擊破，我只要先從這三位挑出一位最有機會購買的客戶就好。這次的策略以結果而論是奏效的，不僅三位都成為我的客戶，還藉助她們的影響力和穿針引線，總共在她們公司成交了十一張訂單，只是當時發問最多的那位客戶，我判斷是最有機會購買的，結果是最後一位成交的！

當然，沒有人可以戰無不勝，我也不例外，曾經犯過錯誤，而且是在當上業務經理之後。當我們在香港書展的攤位上搏命廝殺，忙到不可開交之際，有一位員工非常緊張的跑過來，拉住我的衣袖說：「Jackie趕快過來我們那邊，我們剛剛看到香港影帝經過，結果影帝被我們攔下來，現在坐在那邊等人講解，你快過去跟他談！」員工所說的影帝是香港某位知名演員，得過香港電影金像獎最佳男主角。

我迅速走了過去，直接坐在影帝面前，遞了名片，寒暄了幾句後，就翻開資料夾對著影帝和他太太講解，此時我們三人身邊圍著一大群業務，我的業務看到老闆要展示如何成交影帝，無不興奮又企盼，好像在看一場經典的示範演練，我是主角，影帝和他太太反而成了配角。我為了展現身手，使出渾身解數，當影帝的光環吸引了我的注意力，於是我將重心都放在影帝身上，單憑直覺將決策者設定為影帝，而沒有再三確認。這是我在一開始就犯下不會成交的錯誤，縱使我在銷售過程中表現得精采絕倫，有沒有可能扳回一城？結果證明不可能，因為沒有先找到決策者，當然無法作出任何決定。

曾有學員問我：「Jackie，我有一位認識二十幾年的老客戶，買了份保險給她二十歲的小孩，但我一直無法約到她小孩見面，因為客戶的小孩如果不簽名，這份保單就不成立，該怎麼解決呢？」這讓我聯想到我二十九歲在臺北買房的經歷，由於是第一次買房，過去沒有任何看房的經驗，所以當我覺得某一間房子可以列入考慮時，總會要求仲介帶我多看幾次，而且我常會邀請長輩一同前往。我們會約在樓下，然後再一起上樓，過程中我發現了一個很有趣的現象，就是每當有長輩陪同時，仲介總是將我忽略在一旁，然後緊緊繞著長輩講解，或許仲介認為是長輩要付錢為我買房子，所以得先搞定付錢的人！但是他們沒有再三確認，我才是真正付錢的人，就自行作了錯誤的判斷，當然最後也都沒有成交。很多時候付費者未必是決策者，而決策者也可能是付費者，業務得先清楚狀況再出手，免得影響了真正決策者的「奇摩子」，看似完美的成交機會，就這樣從指縫間掠過。

※客戶的訊號

當我還是業務經理時，業務常常希望我可以陪同拜訪客戶，因為我的成交率較高，成交率高是許多面向的綜合結果，例如穿著得體、資料準備充足、迅速處理客戶的反對問題、話術熟練等等，但其中最重要的原因，是我可以看懂客戶表現出來的訊號，隨時調整銷售的節奏步伐，以符合客戶的需求和期待。

客戶傳達出願意與業務繼續對談的訊號，就是「笑」，得想盡辦法在銷售過程裡，不斷的讓客戶笑，每讓客戶笑一次，就越接近成交，如果業務的談話內容極悶，活像個產品解說員，這時業務臉上有開關的話，客戶二話不說想把開關關掉。所以讓客戶笑，才能催化客戶的大腦，持續保持在「接收」的狀態，而廣泛的閱讀學習，保持開朗的心情，正可以加強自己的幽默感，千萬別用取笑、嘲弄、批評他人來製造「笑果」，如果一時之間找不到幽默的靈感，最好就用自我調侃的方式。有些笑話業務可能已經講過上百次，但別忘了客戶可是第一次聽到，講完後跟著客戶開懷大笑，永遠要表現得像第一次聽到，不要一付「好笑吧！我每次講，客戶都覺得好笑」的樣子。

再者，別將黃色笑話納入幽默的選項，頂尖業務不會用低級的方法來展現幽默，除非業務與客戶都很低級，那就另當別論。而且政治、種族、宗教絕不是開玩笑的素材，業務需要幽默，但要嚴守分際，若不擅長講笑話，就收集並建立笑話資料庫，讓客戶覺得「我喜歡跟你談話，跟你談話很開心」，客戶自然願意見面，而不會老是神隱。如果業務只會談產品，讓客戶感覺如坐針氈，過程無聊且無趣，成交機會將會大減。只要客戶笑，就是傳遞一個訊號，「嘿！我們繼續往下走吧！」

這時如果業務用對了客戶有興趣的話題，就像找到芝麻開門的通關密語，客戶會積極參與對話，然後可以從客戶參與的積極度，判斷是否真的感興趣，業務不要只在自己覺得重要的話題上打轉，而忽略了客戶的真實感受。如果業務對話題的選擇沒有十足把握，可以打安全牌，就是引導客戶談論幾乎人人都會有興趣的「錢、家庭、興趣、事業」，再加上「健康」，這些話題是最保守穩健的方向，這也意味著平時就得收集資料，因為客戶完全聽得出來，業務是言之有物，還是臨時抱佛腳。

還有一個尋找話題的技巧，就是仔細觀察客戶家中的擺設，找出與眾不同之處，然後要多提問，而不是發表闊論，如果是一般擺設，就別假裝特殊，如果不懂，也不要裝懂。可以從幾個方向去尋找話題：

哪些是客戶感到自豪的事？

哪些是提示客戶的現況？

哪些是展示客戶的品味？

將訊息抽絲剝繭出來，用非常投入的情感，請客戶分享引以為傲的故事，這時只要專心聆聽，並適時給予回應，但這一切都必須出於真心。有次我獨自在星巴克整理講課資料，旁邊三位大嬸的大聲談話引起我的注意，聽了一段之後，我大略清楚了來龍去脈，原來其中一位是保險業務，另外二位是剛認識不久的客戶。大嬸業務展現了純熟的談話功夫，與客戶有說有笑，相談甚歡，照著狀況發展下去，相信成交是必然的，猶如囊中取物。就在她們聊到忘我時，其中一位客戶從包包裡掏出一張照片，展示給業務看「這就是我兒子」，大嬸業務也從包包裡取出老花眼鏡，戴上眼鏡後湊近細看，接著發出驚嘆聲：「哇！你兒子真是一表人才，帥喔！」由於好奇心的驅使，我離開位置往廁所方向走去，故意繞道想一睹照片上的帥公子，結果真相和業務的形容簡直南轅北轍，也就是說業務竟然可以為了成交，連謊話都講得如此自然，毫無斧鑿痕跡。其實客戶根本不需要逢迎拍馬，只要真心對待，當然不能說「你兒子長得很抱歉」，但卻可以換個方式，例如「你兒子長得很高、眼神看起來很有企圖心」，千萬不能顛倒黑白、言不由衷。

「用心聆聽」是談話過程中最費心思和精神的部分，如果精神不濟，想專心傾聽是相當困難的，並不是每位客戶都像演講者，能夠用抑揚頓挫的聲調，作條理清晰的敘述，有時客戶一開口講話就像在唱催眠曲，令人昏昏欲睡，但在這個重要階段，最容易拉近與客戶之間的距離，所以無論如何要打起十二萬分精神，在客戶話語停頓之處，適時回應「嗯！是的！你是怎麼做到的？」鼓勵客戶再多講一點，千萬別中途插話或打斷，並仔細從客戶的敘述中，找到下一個問題的關鍵，適時的再度提問。這時，當客戶露出愉悅關注的眼神，身體轉為正面並稍微前傾，雙手放在桌上，就是客戶用肢體動作在暗示，「現在可以進入銷售流程了」。

有幾個動作，是客戶還沒準備好的肢體語言：

客戶靠坐在沙發上，翹著二郎腿。
突然變得不講話、不回應。
假裝看一下時間，然後用尷尬的表情看著你。
將兩手交叉放到胸前。

眼神開始東張西望或閃躲。

皺眉頭，手托著下巴。

數度突然離開座位，留下一臉錯愕的你。

當客戶還在這樣的狀態下，如果貿然進行銷售講解，只會使客戶更加退縮、逃避，此時應回到客戶感興趣的話題，展現真誠的微笑和真心的讚美，當業務專注的用心聆聽，客戶才會願意聆聽。

※勇敢結案

我初到香港時的感覺是繁華、擁擠、還有交通非常便利，無論想到哪裡，都可藉助便捷的大眾運輸工具，其中令我印象最深刻的就是滿街跑的小巴，這部僅能坐十六人的小巴，串聯了地鐵、火車及大型公車無法抵達的交通路線。我第一次坐小巴，前面坐滿了人，我只好坐到最後排，車開了一陣子之後，聽到有人喊了一聲「前面有落（前面下車）」，當時我警覺的環顧四周，嘗試要找下車鈴，這才發現不對勁，原來小巴沒有下車鈴，就連停車站牌也沒有，只要靠近目的地，隨時可以要求下車，隨地可以臨時停車，但必須用喊的，「前面有落、轉彎有落、橋底有落……」隨便你喊。我人生地不熟又坐在最後排，實在不好意思當眾大喊，於是錯過了目的地，一路坐到總站，再坐上回頭車，這次我選擇坐在司機後方，在快到達時，鼓起勇氣對著司機喊了一聲「前面有落」，司機聽到後舉手示意，我這才順利的到達目的地。

銷售到了最後關頭，場景跟我坐小巴一樣，業務得勇敢提出要求，客戶才會作出相應的反應，因為沒有客戶會主動說：「我已經準備好購買了！」再來，所有的銷售準備和過程，不就是在為結案鋪路嗎？當客戶答應會面時，心裡就非常清楚業務的企圖，業務不須扭捏做作，在最後關頭要敢於要求，這是邁向頂尖業務之路的重要關鍵。在整個銷售過程裡，要結案幾次才會奏效呢？根據統計，有將近六〇％的成交是在業務要求五次以上才達成的，但只有四％的業務敢於要求超過五次。以我二十年的銷售經驗，強烈建議要求客戶超過七次，因為目標是成為頂尖業務，就有責任去創造各種要求成交的時機，並付諸行動。

我剛加入迪士尼美語時，曾經電訪一位客戶，相談甚歡，當我要求安排家訪時，客戶希望到他公司談，因為客戶可以自己作決定，且大部分時間都待在公司。於是我依約到位在忠明南路的公司，被引導到會議室等候，約莫五分鐘後客戶現身，一見面客戶就慌張的告訴我：「Jackie，原本我們可以聊三十分鐘，但是老闆臨時通知要開會，所以今天只能談十分鐘了！」原本我想要大展身手，卻突如其來被打亂時程，如果換作是你，會怎麼做呢？我回想在電話裡談得非常開心，也談了許多關於小孩教育的觀念，客戶都相當認同，於是我當機立斷，將資料夾拿出來放在桌上，跳過產品解說，直接翻到價錢的那一頁，然後用堅定的眼神望著客戶說：「如果你覺得一個月三千多塊不是負擔的話，不如你先買，等教材送到家後，我再去講解，你覺得如何？」在接下來的幾分鐘，會議室裡的空氣凝結，我專心注視著客戶，並閉上嘴巴，靜候佳音。不到幾分鐘的考慮，客戶微笑著說：「Why not？就這樣！」我在剛做業務時就非常幸運的領悟一件事，就是結案不一定在最後，依照不同的狀況與環境，隨時調整銷售流程，不要拘泥於形式。所以在往後的銷售生涯裡，我會嘗試在銷售開始時，找機會問客戶一個問題，評估提前結案的可能性，我會用「如果你要買的話？」作為問句的開端，接著可以這麼說：

你比較喜歡用信用卡還是現金？

你喜歡年繳？還是季繳？

你覺得是明天送貨？還是後天？

然後使用沉默的技巧，看著客戶等待回覆。當然，這只是一次嘗試性的結案，別擔心步伐太快，如果客戶認為太快，一定會讓業務知道「我還沒有要買」，那又如何？既然客戶沒有轉身離開，就代表還願意繼續談下去，業務要做的就是在適當時機，再次提出結案的要求而已。而另一個好時機，就是在處理完客戶的反對問題之後，當客戶的疑慮減輕或消失時，業務必須採取一貫積極的態度，勇敢要求結案。

我出國進修了二年多，在二〇一四年二月畢業回臺，幾天後強烈冷氣團來襲，天氣遽變、氣溫遽降，在加拿大因為家裡有暖氣，平日只穿著短袖T恤，已不習慣在家穿著厚重外套，因此我步行到住家附近的家電連鎖店，準備買一臺煤油暖氣機。由於樣式選擇多，還有價錢並不低，使我當場陷入了思考，這時身旁的業務開口對著我說：「要是我就會選這臺，因為價錢適中又省油。」我將目光移到那臺煤油暖氣上。這時他又補上一句：「你有騎摩托車嗎？」「我不騎摩托車的，怎麼了嗎？」我故作一臉疑惑的看著他回話。我完全知道他在鋪梗，接下來要進入重點了，因為他要勇敢的向我提案了！接著他面帶微笑的說：「這煤油暖氣很重，你走路是提不回去的，不如我現在騎摩托車幫你載回家？」我心裡暗暗稱許：「多麼醒目的業務啊！」但我閉口不作聲，想看看他還有什麼殺手鐧。他發現我已默許再往下進行，補上最後一句話：「我可以先繞去加油站買一桶煤油，一起幫你送過去如何？」各位，銷售進行到這裡，可以不成交嗎？現在這臺煤油暖氣已成為我冬天的好夥伴。銷售不就是在為成交鋪路嗎？**業務不要求客戶結案，就永遠走不到終點。**

當然，業務多次嘗試結案，並不是每位客戶都可以承受而不發脾氣，如果業務已用盡全力試了幾次後，發現客戶開始抗拒，並顯得煩躁不耐，此時最好識時務，立即停止砲火攻擊。如同將一條橡皮筋慢慢的拉直，直到橡皮筋的張力達到了頂點，這時再施力只會有一個結果——橡皮筋瞬間斷裂，想讓橡皮筋再度恢復彈力，唯一的方法就是暫時先放手。業務踏進客戶家門的那一刻，就開始了橡皮筋拉直的過程，每條橡皮筋的彈性和張力不同，每位客戶可承受的銷售力道也不同。業務除了積極銷售之外，還要時時刻刻注意客戶現在的承受度，在客戶的橡皮筋瀕臨極限而即將斷裂之前，記得趕緊放手，把桌上的資料文件收一收，假裝示意已準備要離開，再展開友善的微笑告訴客戶：「你不要有壓力，我知道你今天不會買，不過沒關係，我們做個朋友就好，或許以後有機會呢！」業務必須適時的自動舉白旗，客戶緊繃的情緒才能獲得紓解和宣洩。只要還在客戶家裡，隨時都有機會重新開始。

在銷售過程中，隨時都是要求客戶結案的時機，但這時機必先建立在業務跟客戶對於價錢的共識，而且是非常清晰的價錢共識，例如一個月三千、一年二萬、總價一萬六千八百，別在價錢上試圖打模糊戰。希望客戶馬上作決定購買，意味著業務必須讓客戶清楚知道，作了這個決定之後，到底要從口袋裡掏出多少錢！

香港迪士尼美語同事

是Jackie改變了我，因為我從未想過有一天會成為業務員。在過去當祕書的工作生涯裡，三天兩頭就被邀請從事銷售工作，從來未曾間斷，但我一概拒絕。直到一次偶然的機會，去了迪士尼美語應徵，而面試的主管就是Jackie。

當年Jackie面試時所講的話，改變了我的想法，使我決定加入迪士尼美語。並不是Jackie外表帥氣或話術精湛，而是他談話時的誠懇語氣，以及發自內心的真誠，確實不同於一般業務單位的主管。

因此我相信Jackie，相信跟著他學習，用他所教的方法，一定會成功，而在實務上，我也確實運用這些方法與客戶溝通、銷售，這才發現只要心態正確、方法正確，成功銷售一點都不困難。我也留意到一個成功的銷售團隊，除了彼此毫無心機的信任之外，還要大家都不藏私，也不自私，就能並肩前行邁向頂峰，而我非常慶幸能夠成為這個成功團隊的一份子。

還記得當年Jackie幫我起了一個綽號，叫做「尼斯湖水怪」，因為我們團隊相互約定，每天約訪結束之後，一定回到公司分享討論，而我經常遲到，Jackie總以為我神隱失蹤了，其實我是去見客戶，訪談結束時已是深夜時分了。

二〇一四年到臺灣旅遊時，非常開心和Jackie見面，多年沒見，友情一樣根深柢固，讓我深深感動不能自已，希望很快可以再次見面！

Chapter 5.

面對客戶的拒絕

拒絕是客戶的習慣

銷售是一場球賽，業務是球員，客戶是裁判，只要業務一犯規就會被判出局，只能垂頭喪氣、失意黯然的離開球場，就算投訴也於事無補。而當銷售走到結案這個重要環節時，是最容易犯規出局的時刻，千萬要戒慎恐懼，如臨深淵，如履薄冰。客戶的拒絕，在銷售過程中是可預期必然會出現的，如果客戶完全沒有提出任何反對問題，不要高興得太早，因為沒有提出問題，代表對方根本沒在聽或完全沒興趣。

即使如此，別把拒絕看得太嚴重！業務只要清楚知道，客戶也是個銷售員，因為你想把 Yes 賣給他，對方卻想把 No 賣給你，只不過看誰能堅持到最後。所以業務得認清，客戶拒絕本來就是一定會發生的事，只要做好準備，並優雅的面對拒絕，才能稱得上是職業選手。

※拒絕才是銷售的開始？

如果客戶開始丟出反對問題，業務該覺得「振奮」嗎？因為我們常聽說，拒絕才是銷售的開始，但經驗證明，別全然相信這句話，因為只講對了一半，也就是只針對「想購買且積極參與」的客戶才適用。一位真正想購買的客戶，之所以會提反對問題，是想得到更好的購買條件，或想獲得更多資訊，因此客戶會利用反對問題試探底限，進行談判。而一位壓根兒不想購買的客戶，所提出來的反對問題，就是真正的反對問題，目的只是要業務知難而退。再來，一位對產品絲毫不感興趣的客戶，甚至連反對問題都不會提出來。

業務想知道客戶的拒絕，到底是真拒絕或假拒絕，就得先確認客戶是不是有興趣購買。我在二〇一四年二月結束二年多的進修生涯，返臺第一件事就是買車，因為想趕在農曆年前交車，所以一下飛機立即飛奔去看車，我只鎖定二款相同集團品牌的休旅車，縮小範圍有利於我快速作決定。我先到品牌與價位較低的汽車展示中心，直接走向我有興趣的休旅車，過沒多久一位業務上前接待，雖然我在網路上已看過所有資料，但還是請對方花點時間作介紹，畢竟看網路資料跟看實體車，之間仍有很大的差距。業務請我坐上駕駛座並開始解說，之後我又試坐了副駕駛座及後座，再打開車子的引擎蓋，我問了許多問題，也看得非常仔細，而業務也表現得非常敬業，甚至帶我去看他的愛車，跟我想買的是同一款，我們一直朝著成交邁進。

如果你是這位汽車銷售業務，你覺得我是一個會買單的客戶嗎？當然無庸置疑！客戶不會無緣無故走進汽車展示中心，一旦走進展示中心，事實上客戶已有買單的準備了，業務的工作就是最後的推手，只要善盡職責，則成交猶如囊中取物。只是當時我還得花點時間多作確認，最後我釋出了購買訊號，也就是要求試車，這時業務很無奈的看著我說：「現在試乘車全部開出去了，要到晚上才有辦法試開！」我看著他的愛車表示：「現在才一大早，等到晚上還有很長一段時間，我今天才剛回國，有很多事情要忙，所以不想浪費太多時間去等待，我希望馬上能夠解決，不然我現在就要去看另一款價位較高的品牌了！」

結果這位業務因為警覺性太低，或不願犧牲他的愛車讓我試開，而失去了一張訂單！當我要離開時，他還很高興的說：「記得晚上六點回來試車。」身為頂尖業務，必須掌握客戶最關切的事項，並予以克服，如果在當下面對客戶時，都無法解決問題，憑什麼認為客戶會再回頭。真正想買的客戶，會打從一進門開始，用行動表態「我想買」的強烈訊息，這時業務接收到客戶的訊號，應立即全力配合。如何才能確認客戶是否真的想買？可以從客戶的參與程度來判別，過程中要全神貫注，仔細觀察，因為客戶的參與程度有多高，購買的意願就有多強。業務絕不能在已準備購買的客戶身上，發生失誤而慘遭滑鐵盧。

當然，客戶不會大張旗鼓的宣示「我想買」，也不想太早洩露購買意願，而成為業務眼中的俎上肉，不僅招致全面銷售攻勢，還擔心失去爭取優惠的空間。所以客戶會利用反對問題，試圖掩飾必須當下作決定的不安全感，尤其銷售產品的金額越高，不安的程度也越高。業務此時要能體諒客戶的心情，不可因接二連三的反對問題，而產生不悅的表情或不耐煩的態度，因為成交與否，端看這最後臨門一腳了！

面對客戶的拒絕，最佳方法是先建設好自己的心態，因為「拒絕是客戶的習慣」，即使是準備要買單的客戶，還是會提出許多問題。因此業務要能理解客戶的心理，客戶提出的反對問題，並不是針對業務個人而來，而是為了解決內心的不安，是因為擔心作錯決定，是因為害怕有風險，是因為想獲得更多資訊，既然如此，業務就該竭盡本份，全力協助客戶達到目標、滿足需求。

面對反對問題，業務首先要習慣被拒絕，把客戶的反對問題當成朋友，相信沒有人喜歡被拒絕，但身為業務，這輩子相遇最頻繁的朋友就是被拒絕，而且這是銷售過程中，可預期的必然狀況。如果業務能夠引起客戶對產品產生興趣，通常反對問題的出現，意味著通往成交的階梯，所以業務要習慣被拒絕，並且做好萬全準備。

再來，客戶通常不會在第一個問題，就如實告知真正拒絕的理由，過程中一定會推拖，就算真的想買，也不會讓業務太輕易得償所願。當銷售已經走到結案階段，無論如何業務必須鼓起勇氣追根究柢，嘗試挑戰客戶的底限，但絕非用爭辯的方式，想去證明自己或反駁對方。因為業務贏得了爭辯，代表著將失去客戶，失去了成交的機會，而且客戶會展開報復行動，選擇向其他業務購買。

最後，業務要衷心感謝客戶提出反對問題，並將「沒有不被拒絕的業務，只有不怕拒絕的頂尖業務」當成座右銘。因為客戶不想當面直接傷害彼此的情感，所以選擇用婉轉的方式，希望業務打退堂鼓，當業務在處理反對問題的議題上發生失誤，將導致對談無法繼續進行，銷售流程也順理成章的宣告終結。所以要感謝客戶沒有當面斬釘截鐵的說「不」，而是提出反對問題，讓業務還有扳回一城的機會。

※客戶拒絕的原因

我帶領過的頂尖業務都有一個共同點，就是主動且持續不斷的學習，唯有不斷的學習，才能定期檢視自己，才能更新銷售話術，才能自信面對更多未曾經歷的狀況。頂尖業務總是盡一切努力，透過及早學習，去預防或克服任何阻礙成交的問題，所以頂尖業務認為客戶的拒絕並不可怕，可怕的是自己毫無準備。在銷售過程中，客戶的拒絕是必然的，既然如此，最積極有效的因應方法，就是在客戶拒絕之前，嘗試找出可能的拒絕理由，如果能夠事先預見，就有機會預防或設法解決，盡量將阻礙成交的因素降至最低，且最起碼可以確保業務自身不會是問題的源頭。依照實戰經驗，客戶會提出反對問題主要有四種原因，希望業務都能避免觸犯「不會成交」的地雷！

首先，最嚴重的原因是「客戶不信任或不喜歡業務而拒絕」。在此情況下，業務與客戶之間的互信基礎非常薄弱，即使產品再有魅力、價錢再漂亮，一位不被信任或不被喜歡的業務，根本無法成功銷售任何產品。所以業務必須檢視自己的銷售態度，是否具備誠懇、務實及誠實的要件，要求自己成為值得信任、討人喜歡的業務，就算客戶沒有立即成交，至少還保有客戶願意回頭的機會。

有一次，我邀約夥伴Tony陪同看車，因為我非常喜歡某一款德國品牌的小跑車，當天我開著同品牌的休旅車赴約，經理指派一位年輕業務接待我們。這位業務穿著得體，講解詳細，陪著我開著新款跑車行駛在內湖環快公路上，一路上相談甚歡，身為客戶的我心裡暗暗稱許，但直到我說了一段話之後，他的態度丕變，臉上露出只想成交的貪婪表情。我當時說：「我有跟你經理提到，應該年底才會換車，因為我這部車也才剛買不久，但是拒絕不了經理的盛情邀約，所以提前先來試車。」試車後，我們回到展示中心，這位年輕業務只顧著積極遊說我應該馬上換車，完全不理會、也不關心我心裡的真正想法，甚至到最後發現無法立即成交時，態度變得更差。此時我這位客戶想的是：「我是真的會買，但絕不會找你買！」此刻我提出的反對問題，縱使對方處理得再好，我還是不會買，因為客戶已打從心底不喜歡這位業務了。所以，當客戶出現在眼前，結果卻空手轉身離去時，大多是業務自己搞砸的！

一旦客戶對業務的印象不好，內心各種不安和疑慮便開始湧現，害怕被騙、擔心買貴、感覺不受關心重視……，這些都是阻礙彼此拉近距離的因素，當業務與客戶之間還有距離感存在，想要建立信任關係就會變得難上加難。因此業務必須澈底檢視自己，不要再因不被信任、不被喜歡，而損失任何一位客戶。

再來就是因為「客戶沒有興趣而拒絕」。「沒興趣」通常有二種狀況，一是客戶根本沒有購買的意願，另外就是業務的表現還無法引起客戶的購買欲望，那還能談什麼呢？面對一位根本沒有購買意願的客戶，我會選擇立即停止銷售，如果不理會客戶的感受，繼續進行銷售，當客戶感覺被「強迫推銷」時，業務與客戶的關係，就會進入上一個「不喜歡業務而拒絕」的狀態，此時就回天乏術了。所以，準確的判斷並適時停止銷售，與客戶維持良好的關係，保留下次再銷售的機會，最後嘗試要求轉介紹。但如果是業務無法引起客戶的購買欲望，過錯就在業務身上，錯在什麼地方呢？當客戶願意花時間聆聽，業務卻無法引起客戶的興趣，導致客戶興趣缺缺而提出反對問題，任誰也解決不了，因為客戶的問題不在拒絕，而是「現在還不想買」。所以當業務在解說的過程中，發現客戶表現得不耐煩，或沒有詢問價錢、付款方式，很大的原因是客戶對產品還沒有興趣，這時候應該暫時停止銷售，先清楚客戶的想法和需求之後，再繼續銷售。

最棘手的就屬「為反對而反對」的客戶。多數業務都有口袋客戶名單，這些名單理所當然被分為二類，一類是好客，是非常友善或已經購買的客戶，另一類是被多數業務貼上「奧客」的標籤，這些客戶不是約不到拜訪的機會，就是業務跑了好幾趟，依舊不會買。如果業務澈底自我檢討之後，確知客戶的不友善並不是業務本身造成的，也不是對產品沒興趣，至此這一類客戶所提的反對問題，才可歸類為「為反對而反對」。

身為業務必須先有一項正確的認知，雖然希望所遇到的每位客戶都能成交，但事實並非如此，無論業務做得再好，不得不承認還是有某些客戶「無條件」的拒絕。即使是感受遲鈍、大而化之的業務，當遇到這類客戶時，絕對可以明顯而強烈的感覺到，這類客戶除了處處刁難之外，還有可能隨時轉身離開。萬一遇到時該怎麼辦呢？首先不要因此而感到情緒低落或失去信心，要知道對方的態度不佳並非針對個別業務，而是這類客戶的習慣，面對銷售的一貫回應就是反對，且一路反對到底。為了確保沒有誤判，我會嘗試進行以下的對話：

業務：我可不可以問你一個問題？是不是我什麼地方做錯而讓你感覺不滿意呢？

客戶：還好啦！

業務：我只是想跟你說，今天你買不買都沒關係，但可不可以幫我一個忙，告訴我做錯什麼？好讓我可以改進，以後不要再犯同樣的錯誤。好不好？教我一下。

對話的用意並不是要對客戶卑躬屈膝，因為那也不是我的選項，我所秉持的態度，是業務與客戶平起平坐的身分，業務提供客戶所需的產品或服務，同時達成自我的目標，彼此的關係並沒有誰比較高尚，或誰比較卑微，但我願意為成交作一切的努力與嘗試。所以，當遇到一位不可理喻、為反對而反對的客戶，就勇敢的離開他吧！

最後一個原因是「客戶有興趣，但想要更多，所以先拒絕」。如何判斷客戶是真的有興趣？方法很簡單，就是當客戶把玩著產品，專心看著資料，詢問價錢？如何付款？如何使用？有哪些售後服務？這些都是客戶為準備購買所鋪陳的問題，因為客戶擔心買錯、買貴、買了不會用、買後沒人理，或是想要更多優惠。客戶很確定會買，就會嘗試向業務要求，期待獲得更多保證及優惠，在潛意識的驅使之下，大部分客戶藉反對問題來進行購買前的談判，而業務所要做的，就是讓客戶安心的過渡到成交。為了能夠順利成交，業務必須為每個可能出現的反對問題，至少準備三套的拒絕處理方案，放眼可見那些頂尖業務為什麼樂於學習？因為他們清楚知道，當面前出現這類「幾乎會買」的客戶時，不容許犯下絲毫錯誤，所以老鷹型的業務總是能夠成交，而鴨子型的業務，卻始終停留在「差一點就成交」的殘念裡。

※永遠不要相信客戶，除非……

有一次打開電視，看到一個節目邀請了幾位業務高手，還有幾位教育訓練講師上節目，主持人請其中一位賣國產車的業務高手示範，另外二位主持人扮演前來看車的夫妻。在一開始，這對扮演夫妻的主持人，就展現極度「奧客」的本性，擺出一副「花錢就是大爺」的態度，不斷要求業務降價、送贈品，同時不斷釋放利多消息，告訴業務

「我後面還有很多朋友會買」。

你曾經被客戶騙過嗎？相信每位業務都有過慘痛的經驗，好不容易約訪到客戶，也非常幸運沒有被放鴿子，坐在客戶家的客廳洽談時，一切都是如此順利，但最後客戶卻不願立即成交，不過客戶拍胸脯保證，而且用人格保證，讓他考慮三天，三天後一定會買。於是你帶著客戶的保證和愉悅的心情離開，用最快的步伐盡量走遠一點，走到巷口轉個彎，此時已迫不及待要打電話向主管報告狀況，電話響了二聲，主管迅速的接起電話，因為他也等很久了！你興奮的告訴主管：「雖然沒有當下成交，不過你放心，客戶拍胸脯向我保證，三天後一定會買……。」許多業務天真的等待三天後的成交時刻，結果得到的是客戶的神隱。不過話說回來，根本不能怪罪客戶欺騙，因為無論遇到何種的客戶，業務本來就應做好準備，隨時應付各種情況。

我曾經在臺中潭子成交一位客戶，從銷售到成交的過程相當快速，那天我感覺到幸運之神與我同在，居然可以遇到這麼好的客戶，只是我的好運只維持了半天，就在當天傍晚，我收到公司捎來的噩耗：「客戶的太太說要退訂！」我的心情瞬間從天堂跌落到地獄。我馬上致電給客戶，客戶表示因為在決定購買時，太太並不在場，所以希望我能再跑一趟，親自向太太解說產品。

「Jackie，如果你明年這個時候再過來，我一定買，因為現在的經濟真的不允許。」這是我在客戶家努力了一小時之後，所得到的最後答案，而且客戶的態度非常堅決。如果你也是一位勤奮努力的業務，拜訪過許多客戶，一定遇過同樣的狀況，客戶會說：「我到時候一定買、多送一些贈品我就買、降價我就買、退傭我就買……。」就像剛剛提到的國產車業務高手的境況，當客戶釋出「你放心，我一定會購買」的訊息，並提出種種利多誘惑，用看似無法拒絕的條件來逼迫業務讓步，這時候該怎麼處理呢？

在此要先講一個我認為不恰當的做法，也就是國產車業務高手的處理方式，因為只要客戶開口要求的條件，他都微笑點頭說好，一旁的教育訓練講師，更一致稱讚他的態度加分。最後主持人不解的問：「你什麼都說好，不就是賠錢在賣車嗎？」業務高手回說：「我先不要頂撞客戶，雖然我都是微笑點頭說好，但是當客戶坐下來詳談後，我會一一舉例哪些是做不到的，再請客戶體諒。」你發現了嗎？這位業務高手正一步步走向自己設下的致命陷阱，因為這不是銷售，而是詐騙！就跟客戶下訂後再退訂的行為一樣，只是角色互換而已。如果覺得下訂後再退訂，是差勁的客戶，那先答應客戶的要求後再告知做不到，就是更差勁的業務。「諾不輕許，故我不負人。」在各行各業，確實存在著輕言寡信的業務，反正為了生意，先答應再說，致使業務和客戶之間的信任崩解，取而代之的是機關算盡、爾虞我詐，如果銷售只是騙術這麼簡單，豈不是頂尖業務滿天飛了？業務必須學會並堅持正確的銷售方式，而不是抄近路、走捷徑，或許從此刻開始努力撥亂反正，就能導正外界對業務的負面觀感和刻板印象。

當臺中潭子的客戶最後的答案是：「你明年這個時候再過來，我一定買。」場面頓時尷尬又棘手，我該如何自處呢？首先我得承認自己的失敗，因為我已用盡所學的拒絕處理話術，依然無可挽回，在那一天，我知道所學的還不夠，還須更加努力學習。正因為我澈底承認失敗，所以可以在客戶面前保持淡定，維持著自然的微笑，不會因客戶的拒絕而表情僵硬、皮笑肉不笑。雖然我知道當下已回天乏術，但回想起客戶的話，突然靈光一閃，嘗試作最後的掙扎。我看著客戶問：「是不是我明年這個時候再過來，你一定會買？」「沒錯！」客戶說得斬釘截鐵，可能為了打發我。得到客戶的承諾後，我從公事包拿出一張白紙，寫上客戶的姓名，並註明剛剛的承諾及決定購買的日期，接著請客戶在結尾處簽字，讓我帶回公司也好有個交代，最後客戶也很爽快的簽字，為雙方的尷尬畫上了休止符。我一直沒有忘記對客戶的承諾，在一年之後，我帶著這張承諾書和重新填好的合約書，再次登門拜訪，我看著客戶表情驚訝的在合約書上簽名，並爽快的拿出信用卡刷卡。

從這次的經驗，我學到一個很重要的觀念，並將這個觀念化為技巧帶到香港，這也是我們在商場佈點時，能夠快速成交的重要技巧。我要求自己及業務，在與客戶開啟對談的十分鐘內，就必須開始要求成交，因為有必要先跟客戶確認，雙方的對談方向及目標是一致的。只有當業務遞出合約要求成交的時刻，客戶才會開始說真話，才會感受到這是在玩真的！既然最終還是會要求客戶簽約，不如就把步驟提前執行，而當客戶在爭取優惠條件時，切勿胡亂的答應，做不到的事情要據實以告，但業務也無須覺得委屈，好像只能逆來順受，可以拿出合約書請客戶先填資料與簽名，因為只有客戶確定購買時，雙方所談的任何優惠條件，才能真正的落實。很公平！不是嗎？

精準銷售

在立志成為頂尖業務之前，要先破除自我的認同危機，身為「業務」是非常光榮的職業，以身為業務為傲，卑躬屈膝的銷售態度，對業績不會產生任何幫助。業務登門拜訪客戶，是帶給客戶價值和幫助，而不是去搶錢、騙錢，業務如果百分之百相信，客戶會因為購買產品，而讓生活變得更好，自然會理直氣壯、挺直腰桿的認同工作的價值，並且充滿信心、樂於分享。頂尖業務之所以偉大，源自於內心的強大和堅毅，能夠堅持度過任何的困難阻礙，而每度過一次難關，銷售實力就隨之提升與精進。

※了解客戶的類型

業務只有二種，一是老鷹，一是鴨子。如何區分老鷹或鴨子呢？最簡單而直接的方法，就是業績，業績好的是老鷹，業績差的是鴨子。這種區分方法既殘酷又現實，但別無他法，因為業務就是以業績論英雄、贏者全拿的遊戲，不能奢望輸家也能分得些許獎賞，放眼看去，所有業務公司舉辦的業績競賽獎勵，能夠獎金入袋又出國旅遊的，清一色是業績當紅的老鷹，從來沒有一家公司會增闢「最佳鴨子」獎，過去沒有，以後也不會有。以此而論，成為老鷹是業務的唯一選項，如果不努力讓自己成為老鷹，就只能淪為鴨子！

業績的好壞是結果，探究其源頭，到底什麼因素造就了老鷹呢？以我在香港擔任業務經理的經驗，有三項因素造就了老鷹。首先是老鷹擁有強烈的企圖心，法國富翁巴拉昂（Baraan）認為，窮人和富人最大的差別在「窮人最缺少的是成為富人的企圖心」，同樣的道理，會成為老鷹的業務，絕對擁有非常強烈的企圖心。再來就是行動力，老鷹的行動快、狠、準，做事的態度總是「現在、馬上、立刻」，劍及履及且果決明快，而鴨子的行動慢、拖、賴，總是「等我有錢、等我有時間、讓我想一想」，蒙混牽扯又拖泥帶水。最後一項因素，就是「了解客戶類型」的能力，我認為企圖心和行動力這二項因素，只要真心願意，短時間內就能改變，但是了解客戶類型的能力，在整個銷售的知識領域和技能範疇裡，是最需要長時間的學習和磨練，才能培養具備的。

多數業務都知道，**銷售的最高境界並不在銷售產品，而是銷售自己**。現今各行各業除了競爭激烈之外，各家產品大同小異，日漸趨向主流，就連價格也相去無幾，如果一心只想用產品或價格來打敗競爭對手，無疑是將自己逼上絕路。在此情況之下，學會如何銷售自己，絕對是聰明且長久的作法。

銷售自己的步驟是「先了解客戶，再投其所好，最後取得信任」。當取得客戶的信任後，實際上已順勢將自己銷售出去了，所以追本溯源，了解客戶類型的能力，就是成為老鷹或只能當鴨子的分水嶺。

由於我之前的業務工作，需要大量的陌生開發，當我在從事電話約訪、街頭問卷或商場佈點時，能與客戶接觸談話的時間非常短暫，而且能不能繼續談話的決定權在客戶身上，一旦客戶感覺不對時，隨時可以掛斷電話或轉身離開。不過很公平的是，業務同樣擁有決定權，也可以選擇掛斷電話或轉身離開，但業務和客戶的不同之處，在於業務必須有禮貌的作出停止談話的表示，在客戶收到訊息並回應確認後，才能停止談話，絕不可因客戶不會購買而莽撞無禮。

我選擇繼續對談或轉身離開的判斷標準，在於客戶的類型，當我一接觸客戶，就開始評估眼前這位客戶的類型，評估的動作必須在前三分鐘，甚至更短時間內完成，任何人都不想在對談半個小時之後，才去調整銷售策略。所以業務必須快速而精確的判斷客戶的「質」，分辨客戶是A咖、B咖還是C咖。客戶類型的定義如下：

A咖：就是所謂的「好客」。A咖客戶有錢有觀念，約訪對談之後，很有機會直接成交，不過A咖客戶只占整體客戶約一〇%而已。

B咖：就是可能會買，也可能不會買的客戶。B咖客戶在經濟上並不寬裕，有些真的沒錢，但重點是有觀念，所以決定性的關鍵因素，是業務能否成功幫助客戶強化「好的觀念」，促使客戶立即採取購買行動。反觀讓B咖客戶卻步的因素，是觀念的強度不足，客戶心中仍充滿經濟上的壓力與擔心，在一番掙扎之後，寧願選擇多一事不如少一事的保守作法。但B咖客戶的數量最多，約占整體的七〇%，這也是我一直在強調，業務要持續學習的原因，想要順利成交B咖客戶，必須具備熟練且精準的銷售技巧。

C咖：這類客戶有二種，一種是有錢沒觀念，屬土豪等級，總認為有錢就是大爺，明顯的財大氣粗、倨傲不恭。另一種是沒錢沒觀念，多數屬於社會底層或邊緣的族群，學識有限，賺錢也相對辛苦。遇到C咖客戶，通常我會選擇直接放棄，原因是觀念上無法溝通，C咖客戶約占整體的二〇%。

了解客戶的分類方法後，整個銷售藍圖就呼之欲出了，要分辨客戶的質，重點並不是客戶有沒有錢，而是取決於客戶秉持的觀念，是否和業務所銷售的產品一致。頂尖業務戰無不勝的關鍵，在能了解客戶的觀念，能理解客戶的行為，於是彼此溝通了無窒礙，「想他想的，說他說的，做他做的」，方能投其所好並取得信任。而銷售過程中，當業務發現客戶的觀念未達到準備購買的層級時，適時予以補強，這就是成功銷售的運作法則。

※幫客戶打預防針

我初到香港第一天進辦公室，公司已準備好了十幾份客戶名單，我所要做的是一一打電話聯絡，運用技巧過濾出有機會購買的客戶，約時間家訪，再依約登門銷售。電話約訪的流程、技巧及話術，我在臺灣時已經做過上萬次，這是再熟悉不過的事了，這時只要將國語轉換成廣東話，然後用一些香港的慣用語即可。在短暫思考如何應對後，我拿起電話撥了第一通，操著濃厚國語腔調的廣東話跟客戶對談，但才講不到幾句，客戶居然直接掛電話，我的對話是：

妳好，我找陳小姐。

陳小姐妳好，我叫Jackie，是迪士尼美語打過來的。

是這樣子的，因為之前陳小姐有申請過公司的贈品，想請問收到沒？

當我講到這裡，客戶就無預警的掛電話，當下我第一個想法，可能是我的廣東話不標準，尤其又透過電話，造成我與客戶之間存在著隔閡。我開始思考，如果剩下的客戶都是一樣的反應，我就只有一路挨打的份，雖然我會廣東話，但因太久沒講，難免生疏與腔調失準。我意識到這個問題無法馬上改善，我的廣東話確實需要時間才能恢復水準，但基於成交的強烈渴望，這個問題必須馬上解決。不到五分鐘的時間，我想到了解決方法，接著我撥了第二通電話：

我：妳好，我找黃小姐。

黃小姐妳好，我叫 Jackie，是迪士尼美語打過來的。很抱歉！我廣東話講得不是很標準，因為我是臺灣過來的。

客戶：唔緊要，你都講得好正啊！（沒關係，你都講得很標準啊！）

我：是這樣子的，因為之前黃小姐有申請過公司的贈品，想請問收到沒？

發現我做了什麼改變嗎？我將客戶可能產生抗拒的問題主動提出來，雖然我主動暴露缺點，卻可以提早消除客戶心中的疑慮。也就是說，我「不標準的廣東話」一定會讓客戶產生疑慮，與其讓客戶將問題懸在心裡，不如由我主動提出，而當我把所有可能的拒絕因素提早排除後，客戶只能表示接受或不接受而已。

雖然我只是簡單的重新排列對話的順序，結果卻能將剩下的十幾位客戶，全部都輕鬆的約到，後來我將經驗分享給每一位新進業務，如果你認為，因為你是新人、你很年輕、你的口才不好……，這些因素會讓客戶有疑慮，是銷售上的缺陷，導致你缺乏信心，那就先將缺點告訴客戶，請客戶不要介意，接著你會發現多數客戶是非常善良的。你可以這麼說：「陳小姐很抱歉，因為我來公司只有三個月，很多東西還不懂，如果等一下妳的問題我答不出來，或是答得不好，請給我機會查詢之後再回答妳，好不好？」你覺得客戶會答應嗎？

現在來看整個銷售流程，從見面寒暄、講解產品、最後結案，客戶的反對問題會出現在那一個環節？十之八九都出現在業務要求客戶成交時。當你提出要求，希望客戶能夠當下作決定，客戶面有難色說出第一個反對問題，於是你嘗試著解決問題，過沒多久，客戶的第二個問題又出現了，接著第三個、第四個……，在結案的過程裡，你一直疲於奔命，而且當客戶的問題層出不窮時，你的戰鬥力就每況愈下，直到黯然的離開客戶家門。

所以我在銷售時，處理客戶反對問題的觀念跟電話約訪一樣，針對客戶一定會提出的抗拒點，在客戶開口，甚至想到之前，就主動提出來與客戶討論。《黃帝內經》有一段話：「是故聖人不治已病治未病，不治已亂治未亂，此之謂也。夫病已成而後藥之，亂已成而後治之，譬猶渴而穿井，鬥而鑄錐，不亦晚乎？」就是倡導「治未病」的疾病預防概念。「不治已亂治未亂」用在銷售上尤其貼切，因為從客戶提出反對問題開始，態度已經傾向拒絕，此後業務所講的每一句話，都會被客戶認為是嘗試說服的話術。如果由業務主動提出反對問題，雙方的立場就會改變，業務不是在說服客戶，而是與客戶討論。

以下舉三個一定會出現的反對問題，要提早作準備：

客戶說「我沒錢」這個反對問題，在我做業務的第一個月就知道，無論業務賣什麼產品，不管客戶有沒有錢，這是每一位客戶都會提出的問題。尤其當時我們的客戶群，主要都是家庭主婦，家庭主婦通常沒有收入，所以出現這個問題是很容易理解的。因此我在銷售過程中，會先主動提問：「妳有在上班嗎？錢通常都是誰在管的？一個月三千元會不會造成負擔？」在還未正式講解產品之前，我一定先釐清，希望進行到結案時，「錢」不會是無法成交的因素。

客戶說「還要再商量討論」，這是在錢的問題解決之後，出現機率非常高的反對問題。無論是夫妻都在家，或是只有一方在家，我一定會詢問：「是誰可以作購買的決定？」先找到決策者，就能預防客戶提出這個反對問題。在處理時要切記，問很多問題的不一定是決策者，付錢的不一定是決策者，使用者也不一定是決策者，不須用主觀去判斷或臆測誰是決策者，直接開口問就能得到答案。

客戶說「還要比較看看」，這是開始講解產品之前，我會試著排除的最後一個問題。現在市場上的競爭對手眾多，產品也大同小異，客戶當然有其他選擇，而我也不是客戶唯一認識的業務，與其猜測客戶會不會作比較，不如直接問。所以面對每一位客戶，都先假設對方看過或準備去看競爭對手的產品，過往在銷售迪士尼美語教材時，常遇到客戶今天約我，明天又約了我的競爭對手，如果不先處理比較產品的問題，最後連怎麼輸的都不知道。這個時候我會問：「之前有看過類似的產品嗎？今天看完之後需要作比較嗎？」

以上三個反對問題，在講解產品之前，如果已確實和客戶溝通並妥善處理，接下來就大方的展示你的產品吧！

※拒絕的處理步驟

一天傍晚，一位業務滿臉惆悵的來找我，看他非常失落著急，就知道事態嚴重了！果不其然，公司通知他，昨天辛苦簽下的客戶要退訂，希望我能幫他打電話給客戶，看看是否還有轉圜的餘地。

「客戶退訂」對業務而言，無疑是重傷害，因為費盡千辛萬苦才簽下的訂單，瞬間化為烏有，好不容易和客戶建立的信賴感，轉眼成空，不僅精神上遭受打擊，連已經入袋的傭金，也要原封不動的歸還。

在我仔細詢問事情原委之後，發現業務會如此沮喪，確實非戰之罪，是公司送貨出了問題。因為客戶非常重視準時，在簽約時一再交代，務必請公司將教材在指定時間送達，客戶必須臨時請假回家收貨，所以時間上不能延誤。結果卻是客戶怒氣沖沖的要退訂，可想而知，一定是教材未在預定時間內送到，而讓客戶白白請假空等。委外的貨運公司回覆，真的因為塞車，但有事先打電話向客戶道歉，雖有延遲，最後還是把教材送到了。

我想既然教材還在客戶家，代表還有希望挽回，這問題應該可以解決，雖然客戶在收到教材後，七天內都可無條件退貨，但還是值得一試。於是我攤開合約書，看過客戶的資料後，直接撥電話給客戶。在我表明身份後，只問了一個問題：「我們還有什麼補救的方法嗎？」「你們公司有沒有搞錯……」接著是客戶一連串的情緒發洩。我在客戶每次罵完停頓時，適時的補上了一句：「真是對不起，是我們的錯！」我大概被罵了二十多分鐘，感受到客戶的情緒已經宣洩，而且態度有些軟化，此時我提出要求，對著客戶說：「是不是可以再給我們一個服務的機會？不要因為公司這次的錯誤，而損害了你原本要給小朋友的權利。我請業務明天過去，教你們如何使用，好不好？」原本怒氣沖天嚷著要退訂的客戶，最終接受我的提議，取消退訂的決定。

講這個故事，是因為在處理客戶的反對問題上，首先，要拋開「誰對誰錯」的想法，銷售不是科學驗證，而是客戶的感覺體驗，當客戶感覺愉悅，購買的機會就增加，如此而已。再來，業務有時會覺得客戶所在意的根本是小問題，千萬要拋開這樣的思維，因為客戶在意的問題，就是「大問題」，必須仔細謹慎的回應，讓客戶感受到尊重，才會給予相對應的善意回饋。接著，業務回應的態度必須「誠懇」，每句話都是經過深思熟慮才說出口的，所以要事先設計好話術，若是漫無思緒、信口開河的話，客戶聽得出來。最後，再加上最大的「熱忱」，缺少熱忱便很難堅持，所以無論客戶提出什麼反對問題，都必須展現始終如一的溫度，有溫度客戶才會有感受。但有一件千萬不能做的事，就是

「乞求客戶」購買，頂尖業務絕不會透過阿諛奉承、巧言令色的態度，乞求客戶購買，業績固然重要，仍不值得用尊嚴去交換。

秉持正確的態度，再加上「傾聽、認同、提問、說明」的步驟，客戶的反對問題就會迎刃而解。

傾聽：認真的洗耳恭聽，適時給予客戶回應，傾聽是最好的緩兵之計，可以為自己爭取更多的思考空間。

認同：態度友善且發自內心認同客戶的話，先認同，但別說教。

提問：別急著處理客戶的反對問題，因為客戶所說可能是假的，利用提問的方法，了解反對問題的真實性。

說明：如果客戶的反對問題是真的，才會加以說明，如果是假的，就無需處理，再嘗試找出真正的反對問題。

這裡列舉一個反對問題，按照步驟進行處理，然後可以套用在其他常見的反對問題上。

客戶的反對問題：我要再考慮。

傾聽：表現出認真專注的態度，雙眼直視著客戶。

認同：我也是這麼認為。

提問：你一定很喜歡（有興趣）才會考慮，對不對？

客戶為了打發業務，通常都會回答：對！

到這裡，業務必須先確認清楚，客戶到底是不是真的喜歡才要考慮。

確認真實性之後，再提問：你還需要跟誰商量嗎？還是考慮完後自己就可以作決定？

當業務提出「還需要跟誰商量」時，別擔心會引發另一個反對問題，如果這是一個潛在的反對問題，即使現在不發生，並不代表下一刻不會發生。而且通常客戶說「要再考慮」，只是問題的起點，並不是最終真正的問題，我們必須要釐清客戶需要考慮背後最關鍵的問題是哪一個？

客戶：我自己就可以決定了！

讚美客戶：當然，你是一家之主嘛！（當然，我們女人說了就算！）

再提問：你可以告訴我嗎？你是考慮存多少？（你是考慮分期或現金？）還是考慮買不買？

勇敢直接問吧！通常效果非常不錯。

客戶：存多少（分期或現金），這都是可以現場解決的問題。

說明：那我們馬上來看看，可以怎麼做，幫你爭取到最好的條件。

步驟進行到這裡，可以發現一開始客戶「要再考慮」，並不是真的反對問題。

萬一客戶說：我要考慮買不買。

千萬別被客戶嚇到，不過這不是客戶的問題，而是業務的問題，在銷售過程中有所遺漏，而致使客戶猶豫不決。

說明：真的很對不起！一個這麼好的產品，讓我講到你不想買，是不是我再從頭講一遍，讓你比較清楚一點？

說明的時候配合適當的肢體動作，鞠躬、展現誠懇的語氣、看著客戶的表情，就知道客戶所說的到底是真是假。

雖然業務的目標在成交，但未必盡如人意，身為業務就得接受這個事實，發現客戶當下確實無法成交時，以退為進是最佳策略，讓客戶敏感的神經舒緩，不要讓自己淪為令人厭惡的臭蟲業務，重新調整再出發，一貫的專業、自信、誠懇、無私、勤奮、努力……，朝向頂尖業務之路邁進。

林友政

樂獅英語

約莫在二〇一一年認識Jackie老師，記得當時從電子公司轉行到金融保險業，離開臺南家鄉到高雄工作，因為有家庭的緣故，只好每天坐車通勤往返。轉行之前，我在工廠待了八年，腦袋都待傻了，再加上過去從未做過銷售的工作，回想當時，說不害怕都是騙人的，就只是一股熱忱，單純的想幫助人而已。由於沒有銷售經驗，到了顧客面前就不由自主的開始緊張，介紹商品也只能照本宣科，根本沒有像坊間銷售書上所寫的創造需求、解決需求，我總認為單憑一股認真和熱情，就能獲得客戶的信任和青睞，但偏偏沒這麼簡單。

直到有一天，早會來了一位年輕帥哥，上臺前還以為是來賣健康食品的業務，上臺後才短短十分鐘，就讓我們一群新人瞠目結舌，原來老師講的不是健康食品，而是讓人心靈健康的銷售觀念，在臺下的我恍然醒悟，默默的告訴自己原來這才是銷售。原本期待在課程裡，可以獲得更多的錦囊妙計，例如一分鐘顧客買單術、三句話成交術，結果大家都錯了，老師上課的內容是教我們打好基本功，就像太極拳的馬步紮好，到時候打出來的拳，無招勝有招。簡單的事情重複做，那就不簡單，短短三小時的課，馬步已經學好，但還要主動反覆練習。

我們都已習慣傳統的行銷模式，要改過來談何容易，就在滿心期待老師再次授課的時候，老師卻離開臺灣到加拿大學習中醫，然而離開並不是結束，是下一段緣份的開始。老師回臺後認真著手於寫作，將所有的銷售模式，透過文字毫不藏私的讓大家學習，因為我們要跳脫雜貨店銷售的模式和思維，不能只是以推銷方式販售商品。在學習之後，就牢記且重複練習，直到內化為止，當然我資質駑鈍，並非《倚天屠龍記》裡的張無忌，但卻覺得老師是張三豐，能將銷售流程切分為小塊，逐一分析講解，透過對談的過程，化行銷於無形，而能達到銷售的目的。

此外，還要感謝老師在我業績困頓的時候，提醒我莫忘初心，才能讓業務工作持續不斷的正向循環，保持正面能量，不讓負面情緒影響自己及客戶。或許這本書不像坊間的書籍一樣速成，但能日積月累築成一座堅實的高塔，讓銷售技巧更上一層樓。

周慧雯
汽車銷售顧問

從事業務工作好幾年了，其實我不是與生俱來就會行銷，從工作中體會到，當業務重要的是要有心，除了有心還要「經驗」的累積，隨時隨地在做中學、學中做。

猶記第一份業務工作是在壽險業，當時還不了解銷售的訣竅，聽著前輩的教導，懵懵懂懂、似懂非懂，歷經業績抱蛋、挫折沮喪、害怕拒絕……，心中總會懷疑到底自己適不適合當業務。直到有次單位主管邀請Jackie老師來授課，課堂上聽老師的分享教導，獲益良多，學會了如何開發接觸客戶、與客戶對談、反對問題處理的技巧，讓我的銷售能力，有不同層次的提升。

他人的經驗是我取不走的，但有人願意用專業、系統化的方式傳授經驗，則可以透過學習與練習，將他人的經驗轉化為自己的職能，縮短摸索與碰壁的時間。機會總是留給願意的人，命運可以自己掌握，謙卑虛心領教，一步一腳印繼續走我的業務之路。

就如Jackie老師的分享，有些事情不是看到希望才去堅持，而是堅持了才看得到希望。

我相信當經驗逐漸累積之後，業務生涯會如倒吃甘蔗，走得越遠越甜，如同我的座右銘「優質服務，傾心尊榮，Only for you」，永遠帶給客戶最好的！

結語

當你開始做，你就可以改變

※改變你能改變的事

我在十九歲跟著家人移民加拿大，定居在好山好水的溫哥華，對一般人而言，移民是美好生活的開始，但對我來說，是人生一連串挫折失敗的開始。我在移民之後開始叛逆，十九歲理當過了叛逆的年紀，我卻在這時發作，與家人的關係日漸惡劣。十九歲是應該在校園學習，我反而選擇去餐廳打工，沒經驗又不會講廣東話，只能從打雜工做起，除了賺取微薄的薪水之外，人生看不到任何未來。這個時候，我認識了一群狐朋狗黨的朋友，眼看著自己的墮落行徑，日復一日……，最後我選擇逃家來解決所有問題。我獨自逃回臺灣，借住在朋友家中，困頓落魄且身無分文，還典當了身上唯一值錢的金項鍊，騎著朋友借我的老舊摩托車，穿著臺中第一廣場買的廉價襯衫與西裝褲，就這樣，我開始了一天工作超過十四小時的業務生涯。

現在回頭看這些曾經遭遇的苦難，我認為「絕大部分是自己造成的」。我相信每個人，或許正經歷著沮喪挫折，或許有令人心酸的過去，但這些過去或正在發生的困厄，並不代表會延續到未來，因為只要願意改變，就有機會藉由自己的努力，改變自己的未來。

人生是一條無法回頭的單行道，這是不爭的事實，我們沒有時間去浪費生命，將人生的焦點糾結在無法改變的既定事實上，而要將全部心力投注在可以改變的事情上，所以必須認清，哪些是無法改變的？哪些是可以改變的？對於無法改變的事實，鼓起勇氣去接受、去放下，承認絕大部分的問題是自己造成的。唯有願意勇敢承擔，願意正視面對，所有的不如意才能真正的放下，才有機會蛻變為一個新的自己，並且真心相信，在苦難過後，即是迎接曙光的時刻。

我常禱告，求上帝賜予我智慧，去分辨事情能不能改變。人的出身、家世、過往、長相、身高……，是不能改變的，必須敞開心懷坦然的接受，而態度、思維、能力、學歷、經歷……，是可以改變的，「只要願意現在開始去做，就有機會一點一滴的改變」，堅持正確的態度，成功遲早都會降臨，無須操之過急、惶惶不安。

對於曾經傷害過、陷害過、欺騙過自己的人，可以選擇原諒，將其視為過客，拋開受害者的負面思維，因為「原諒是一種智慧，而不是給予，是創造繼續往前走的生命能量」。對於曾經幫助過自己的人，要心懷感恩，誌之不忘。利用自身所擁有的正面能量，以及因戒慎恐懼而生的負面能量，將之揉合交融，化作「把自己往前推進的動力」。接受或放下「無法改變的事實」，專注在「可以改變的事情」，才能心無旁騖、專心致志於改變未來。當想法改變，態度就會改變，接著眼前的世界也會隨之改變！

※執行你承諾過的事

當你認清哪些是可以改變的事情之後，接著就是「執行你的承諾」。你曾對自己承諾過嗎？達成每月目標？贏得業績競賽？完成人生夢想？

依稀記得小學二年級時，老師出過一個作文題目「我的志願」，雖然忘了當時的志願是什麼，但很肯定的，我當時的志願一定不是「業務員」！你也曾經寫過這個作文題目嗎？你的志願是當業務嗎？為什麼長大後卻選擇當業務呢？當你選擇業務工作時，意味著你曾對自己許下承諾，因為業務工作需要極大的勇氣，沒有承諾那來的勇氣踏出這一步？我常問業務一個問題，你是來就業還是來創業的？幾乎得到的回答都是來創業的，但行為有跟上創業的承諾嗎？總不能光靠嘴巴創業，而行為卻在上班。

回想當我年輕時，選擇一份無底薪的業務工作，此舉看似冒險，但看到現今社會大眾關注討論年輕人的議題，包括薪資低、休假少、工作超時到爆肝……，因此我可以非常篤定的說，選擇業務工作絕對是正確的決定。只要執行並達成對自己的承諾，每個月不會只領基本工資，更不會抱怨休假太少或工作超時，因為你會自發性的想利用更多時間，不斷的拜訪客戶、學習成長，這一切努力的成果，會體現在頂尖業務身上，就是時間與財務自由，魚與熊掌兼得。不過這一切不會在決定當業務的當下就發生，而是必須按部就班確實執行，通往夢想的階梯，是由一個一個承諾的完成，慢慢堆砌出來的。什麼樣的承諾，可以帶領我們一步步邁向高峰呢？

承諾——我會熱愛自己、熱愛公司、關心客戶。
承諾——為了自己，我會適時的停下來學習，並享受生命。
承諾——我只選擇銷售好的產品，並對客戶與自己負責。
承諾——每天自我反省，與自己對話，鼓勵自己繼續前進。
承諾——接下來的每一天，努力追求夢想，即使遇到挫折也要義無反顧。
承諾——適時伸出援手，給有需要幫助的人。
承諾——在不如意時，鼓起勇氣堅持下去，退一步，換個方式再來一次。
承諾——努力工作，並活得精彩。

當認真面對承諾，付諸行動，才能抓住成功的機會。一位真正的頂尖業務，無論面對客戶還是自己，總是兌現諾言。「一言既出，駟馬難追」，不僅是對自己事業的承諾，更是經營客戶的座右銘。如果習慣言而無信，慢慢會迷失在謊言的迷宮裡，最終找不到出口，一旦失信於人，最大的傷害還是自己，誠信將會一夕垮臺。你如何對待世界，世界也會如此待你。

「改變你能改變的事，執行你承諾過的事」，這是成為一位頂尖業務，必須具備的生活與工作態度，唯有先改變視角，接著風景才會跟著改變。秉持這個原則，用一貫的態度，面對自己的內在心靈及外在人事物，基本上，就不會擔心害怕、裹足不前了。

我已無法細數，在二十多年的業務生涯裡，面對過多少挫折，經歷過多少無助，嘗試過多少冷暖……。我也永遠不會忘記，第一天做業務就成交的客戶，第一個用廣東話講解並成交的客戶，升上業務經理第一個業績競賽就拿第一名……。我想說的是，無論現在是風光或落寞，在接下來的業務生涯裡，仍會有高峰，也會有失敗，登上高峰固然喜悅，也要懂得如何在低潮中脫身。所以我的領悟是，業務工作是需要花很多時間學習進步的行業，因為不可能用一樣的能力，卻期望得到不一樣的結果。

除了追求業績之外，更應該不斷的自我修煉、自我成長，因為銷售是「人」的事業，當自己的程度與修為持續的進步時，亦會吸引相同素質的客戶來到身邊，這是一般故步自封的業務，永遠不會了解的道理。因為業務要的不只是「賺到錢」而已，還要藉由「銷售」這份事業，贏得更多尊重，進而讓生活品質與生命素養，同時獲得提升與精進，這就是我理想中，一位真正頂尖業務所追求的目標。

WIN ⓳

成交在見客戶之前——成為頂尖業務的五項修煉

作　者—梁櫰之
主　編—李國祥
企　畫—葉蘭芳
總 編 輯—李采洪
董 事 長—趙政岷
出 版 者—時報文化出版企業股份有限公司
108019台北市和平西路三段二四〇號三樓
發行專線—（〇二）二三〇六—六八四二
讀者服務專線—〇八〇〇—二三一—七〇五
（〇二）二三〇四—七一〇三
讀者服務傳真—（〇二）二三〇四—六八五八
郵撥—一九三四四七二四 時報文化出版公司
信箱—10899臺北華江橋郵局第九九信箱
時報悅讀網—http://www.readingtimes.com.tw
電子郵件信箱—genre@readingtimes.com.tw
法律顧問—理律法律事務所 陳長文律師、李念祖律師
印　刷—勁達印刷有限公司
初版一刷—二〇一七年三月三日
初版十刷—二〇二三年七月十一日
定　價—新臺幣二八〇元

時報文化出版公司成立於一九七五年，
並於一九九九年股票上櫃公開發行，於二〇〇八年脫離中時集團非屬旺中，
以「尊重智慧與創意的文化事業」為信念。

成交在見客戶之前 / 梁櫰之著. -- 初版. -- 臺北市：時報文化, 2017.03
面；　公分. -- (Win ; 19)

ISBN 978-957-13-6917-4(平裝)

1.銷售　2.職場成功法

496.5　　106001680

ISBN 978-957-13-6917-4
Printed in Taiwan